分子シャペロン

— タンパク質に生涯寄り添い介助するタンパク質 —

Ph.D. 仲本 準 著

コロナ社

まえがき

　本書は，分子シャペロンの入門書である．分子シャペロンは，ほとんどの生物に存在する，起源の古いタンパク質である．異なる生物種に普遍的に見られるように，細胞の中でも，サイトゾルに加えて，核，ミトコンドリア，葉緑体，小胞体，ペルオキシソームなどの細胞小器官に検出され，細胞の外にさえ存在する．分子シャペロンは，非常に多様なタンパク質と相互作用して，それらの折りたたみ（立体構造形成）の介助や安定性/機能の維持などの重要なはたらきをする．タンパク質の分解にも関与する．分子シャペロンは，細胞におけるタンパク質の恒常性を維持するために重要なはたらきをしているのである．

　分子シャペロンは遍在し，多様な細胞機能に関与するため，その機能異常によって細胞におけるさまざまな障害が引き起こされる．分子シャペロンはがんや神経変性疾患などのさまざまな難病と関係しているので，分子シャペロンが標的となり薬剤の開発が進められている．また，分子シャペロンを（構成的/大量）発現させて植物に環境ストレス耐性を付与したという報告もある．大腸菌などで外来の組換えタンパク質を大量発現させると凝集してしまうことがあるが，分子シャペロンを共発現することにより，凝集を抑制する試みもなされている．タンパク質の構造形成などの基礎的研究から上記のような応用研究まで，分子シャペロンの研究は著しい広がりを見せている．

　分子シャペロン研究の著しい発展と新しい情報の大量蓄積のため，これらを網羅することは不可能に近い．分担執筆による良書がすでに出版されているが，筆者が浅学非才を顧みず，この本を思い切って書いたのは，以下に述べるように分子シャペロン研究に偶然導かれ，その面白さや重要さを知ったからである．筆者はもともと光合成の研究をしていたが，研究室の学生が意図せず

に，シアノバクテリアの*groEL*遺伝子を単離したことがきっかけで分子シャペロンの研究を始めることになった。さらに，当時大学院学生の田中直樹氏が，目的とした分子シャペロンではなく，HtpG（Hsp90）をコードする遺伝子をPCRにより増幅し単離した。（すでに10年前に大腸菌の*htpG*変異株の構築とその表現型が報告されていたので，「いまさらなぜ」といわれてもおかしくなかったが）この遺伝子を破壊し変異株を解析したところ，大腸菌や枯草菌*htpG*変異株とは異なり，著しい高温感受性を示すことがわかった。これは原核生物Hsp90の重要なはたらきを初めて明らかにしたものである。光合成研究の材料としてシアノバクテリアを用いていたために，Asadulghani氏や小島幸治氏らが，光や光合成電子伝達を介した新規な遺伝子発現調節機構を見つけることができた。大腸菌などの従属栄養生物を用いては，このような実験結果を得ることはできなかった。このように，好奇心をかき立てる偶然の発見，孤独な研究の旅を共に歩んでくれた埼玉大学代謝学研究室の学生たち，折に触れて励ましてくれたWolfgang Schumann教授やLászló Vígh教授ら海外の友人のおかげで研究を継続できた。いままでの研究を振り返ると，「神のなさることは，すべて時にかなって美しい。」という旧約聖書の言葉が迫ってくる。

　本書の内容は，大きく二つに分かれている。I編では，高等学校生物を履修していれば理解できるように，基本的なことを解説した。II編は，分子シャペロンの各論になっているが，大学院生や研究者も視野に入れた内容になっている。また，本書全体を通して，専門用語にはなるべく脚注などで説明を加えた。

　おわりに，原稿を読んで助言を与えてくださった坂田一郎氏（1.1節），金森正明氏（3.1節），宮田愛彦氏（9章のすべて），渡邉達郎氏（がんの記述部分），いくつかのタンパク質の構造図を作成してくれた小島幸治氏と研究室の片山裕生氏に感謝の意を表したい。また，2年半もの長い間，辛抱強く原稿の完成を待っていただいたコロナ社に深く感謝する。

2019年7月

仲本　準

目　　次

I編　総　　論
〈プロローグ〉

1. ストレス

1.1 セリエとストレス …………………………………………………… *2*
1.2 熱（高温）ストレス ………………………………………………… *5*
　1.2.1 細胞の形態学的変化・異常 ……………………………………… *5*
　1.2.2 呼吸と光合成機能の異常 ………………………………………… *8*
1.3 Hspと獲得性熱耐性 ………………………………………………… *10*

2. 熱ショック応答

2.1 熱ショックパフと熱ショック応答の発見 ………………………… *14*
2.2 Hsp の 発 見 ………………………………………………………… *15*
2.3 Hsp遺伝子のクローニングとHspの普遍性 ……………………… *18*

3. 熱ショック応答の分子メカニズム

3.1 グラム陰性菌である大腸菌における熱ショック応答の正の調節
　　—シグマ32レギュロン— ………………………………………… *22*
　3.1.1 シグマ32因子の発見 …………………………………………… *22*

3.1.2　シグマ32因子の細胞内濃度の調節 ………………………… 25
　　　3.1.3　シグマ32因子の活性調節 ………………………………… 27
　　　3.1.4　熱ショックレギュロンの負のフィードバック制御機構 ……… 28
3.2　グラム陽性菌である枯草菌における熱ショック応答の負の調節
　　　—CIRCE レギュロン— ……………………………………………… 29
3.3　独立栄養生物であるシアノバクテリアにおける熱ショック応答
　　　の正と負の調節 —K-box レギュロン— ………………………… 32
3.4　真核細胞における熱ショック応答の調節 ………………………… 35
　　　3.4.1　HSF1 の 構 造 …………………………………………… 36
　　　3.4.2　HSF1 の DNA への結合 ………………………………… 38
　　　3.4.3　HSF1 の活性調節機構 …………………………………… 38
3.5　高温の感知とタンパク質の安定性 ……………………………… 40

4. タンパク質の形と折りたたみ

4.1　タンパク質の形と機能 …………………………………………… 43
4.2　タンパク質の変性・凝集 ………………………………………… 46
4.3　凝集しやすいタンパク質 ………………………………………… 48
4.4　タンパク質の折りたたみは容易ではない ……………………… 50
4.5　タンパク質はそれ自身で正しく折りたたむ
　　　（アンフィンセンのドグマ）……………………………………… 53
4.6　細胞内で正しく折りたたむのはさらに難しい ………………… 55

5. 分子シャペロン

5.1　ルビスコ結合タンパク質の発見 ………………………………… 57
5.2　細胞におけるタンパク質の構造形成を助けるタンパク質 ……… 60
5.3　分子シャペロン概念の提唱 ……………………………………… 64

5.4 さまざまな分子シャペロンと分子シャペロンの一般的な定義 ………… 66

6. 分子シャペロンはタンパク質の誕生から死まで関与する

6.1 タンパク質の合成（誕生） ………………………………………………… 69
6.2 タンパク質の適材適所配置（オルガネラ局在） ………………………… 75
6.3 タンパク質の分解（死） …………………………………………………… 79

II編 各 論
〈プロローグ〉

7. Hsp60/シャペロニン/GroEL

7.1 生物種間分布，細胞内局在，二つのサブファミリー ………………… 85
7.2 基 質 …………………………………………………………………… 86
7.3 構 造 と 機 能 …………………………………………………………… 88
    7.3.1 研究の幕開け ……………………………………………………… 88
    7.3.2 GroEL の 構 造 …………………………………………………… 91
    7.3.3 GroEL のシャペロン作用機構 …………………………………… 92
    7.3.4 TRiC（CCT）や thermosome ……………………………………… 95
7.4 葉緑体シャペロニン Cpn60 ………………………………………………… 97
7.5 大腸菌以外のバクテリアの GroEL ………………………………………… 98
7.6 進化と難病への関与 ………………………………………………………… 100
    7.6.1 進化分子工学 ……………………………………………………… 100
    7.6.2 難 病 ……………………………………………………………… 101

8. Hsp70/DnaK

8.1 研究の端緒 …………………………………………………………… 104
8.2 Hsp70/DnaK の生物種間分布，細胞内局在，必須性 …………… 106
8.3 Hsp70/DnaK の構造と機能 ………………………………………… 109
8.4 Jタンパク質/DnaJ/Hsp40 …………………………………………… 111
 8.4.1 構造の多様性・分類 ………………………………………… 112
 8.4.2 生物種における多様性 ……………………………………… 114
 8.4.3 生理学的・生化学的な機能 ………………………………… 115
 8.4.4 Jドメイン依存および非依存のJタンパク質の機能 ……… 116
8.5 ヌクレオチド交換因子（NEF）/GrpE ……………………………… 117
 8.5.1 GrpE の構造と機能 …………………………………………… 117
 8.5.2 温度による機能調節 ………………………………………… 118
 8.5.3 さまざまなヌクレオチド交換因子（NEF）と機能 ……… 118
8.6 Hsp70/DnaK シャペロン系のシャペロン作用 ……………………… 119
 8.6.1 非天然構造タンパク質（基質）の折りたたみ機構 ……… 119
 8.6.2 複合体の会合や解離への関与 ……………………………… 122
8.7 難病，阻害剤と薬 …………………………………………………… 123
 8.7.1 がんの Hallmarks，がんなどの難病への関与 …………… 123
 8.7.2 阻害剤と薬の探索や開発 …………………………………… 126

9. Hsp90/HtpG

9.1 研究の端緒 …………………………………………………………… 129
9.2 生物種間分布，細胞内局在，必須性 ……………………………… 130
9.3 構 造 ………………………………………………………………… 131
9.4 基質（クライアント）……………………………………………… 134

9.4.1　さまざまなクライアント ……………………………… 134
　　　9.4.2　Hsp90/HtpG とクライアントの相互作用 ……………… 135
　9.5　コシャペロン ……………………………………………………… 137
　　　9.5.1　TPR ドメインをもつコシャペロン …………………… 137
　　　9.5.2　TPR ドメインを介さずに相互作用するコシャペロン ……… 139
　　　9.5.3　種によるコシャペロンの違い ………………………… 141
　　　9.5.4　小胞体 Grp94/gp96 のコシャペロン PRAT4A ……… 141
　9.6　進 化 へ の 関 与 ……………………………………………… 142
　9.7　難 病 へ の 関 与 ……………………………………………… 143
　　　9.7.1　が　　　　ん ……………………………………………… 143
　　　9.7.2　神経変性疾患 …………………………………………… 145
　　　9.7.3　囊胞性線維症 …………………………………………… 147
　9.8　阻 害 剤 と 薬 ……………………………………………… 147

10.　Hsp104/ClpB

10.1　研 究 の 端 緒 ……………………………………………………… 152
10.2　存 在 と 必 須 性 ……………………………………………………… 152
10.3　構　　　　　造 ……………………………………………………… 154
　　　10.3.1　AAA$^+$ファミリー ……………………………………… 154
　　　10.3.2　各ドメインと機能 ……………………………………… 155
　　　10.3.3　六 量 体 構 造 ……………………………………… 157
10.4　作 用 機 構 ……………………………………………………… 158
　　　10.4.1　アンフォールディングと糸通し ……………………… 158
　　　10.4.2　Hsp70/DnaK シャペロン系と連携した Hsp104/ClpB の
　　　　　　　脱凝集メカニズム ……………………………………… 159
10.5　細胞における機能 …………………………………………………… 162
　　　10.5.1　タンパク質凝集塊の可溶化 …………………………… 162

10.5.2　酵母プリオンの伝播 …………………………………… *164*
　　10.5.3　核におけるmRNAスプライシング …………………… *165*

11. 低分子量Hsp

11.1　研 究 の 端 緒 ……………………………………………………… *167*
11.2　生物種間分布，細胞内局在 ……………………………………… *169*
11.3　構 造 と 機 能 ……………………………………………………… *170*
　　11.3.1　構 造 的 特 徴 ………………………………………………… *170*
　　11.3.2　シャペロン作用機構 ………………………………………… *171*
　　11.3.3　基質とその認識 ……………………………………………… *173*
11.4　sHspオリゴマーの解離・会合とシャペロン機能調節 ………… *175*
　　11.4.1　熱ショックによる調節 ……………………………………… *175*
　　11.4.2　sHspのリン酸化による調節 ……………………………… *176*
　　11.4.3　ヘテロオリゴマー形成による調節 ………………………… *177*
11.5　sHspのストレス耐性やさまざまな病気への関与 ……………… *178*
　　11.5.1　ストレス耐性 ………………………………………………… *178*
　　11.5.2　タンパク質分解や細胞死 …………………………………… *180*
　　11.5.3　白　　内　　障 ……………………………………………… *180*
　　11.5.4　が　　　　　　ん …………………………………………… *182*
　　11.5.5　筋疾患や神経変性難病 ……………………………………… *182*

引用・参考文献 …………………………………………………………… *184*
索　　　　　引 …………………………………………………………… *188*

I編　総　論

〈プロローグ〉

　生命活動になくてはならないものがタンパク質である。リボソームで合成されたポリペプチド鎖（タンパク質）は，正しい立体構造を形成し（折りたたみ），細胞内の適切な場所に移動し，他の小分子化合物あるいはタンパク質などの巨大生体物質と相互作用し，役割を果たし，分解される。このような「タンパク質の一生」のどの段階においても，分子シャペロンと呼ばれるタンパク質が他のタンパク質に付き添い，その一生を「つつがなく」終えることができるように助けている。分子シャペロンは，細胞がストレスに曝されると，熱ショックタンパク質として大量に合成されて，タンパク質の損傷や損傷タンパク質が集合して形成される凝集を防ぎ，損傷を受けたタンパク質が元の機能をもつ構造に戻るのを助ける。再生が不可能な場合には，その分解にも介在する。

　このように，分子シャペロンは細胞のタンパク質の恒常性の維持に深く関与する。タンパク質の恒常性が破綻（はたん）すると，間違った折りたたみやタンパク質の凝集などが起こり，さまざまな病気の発症につながってしまう。分子シャペロンは，がんや神経変性疾患を含むさまざまな病気に関与していることが明らかにされているが，これらの病気の有望な分子標的になっている。本書では，分子シャペロンの発見から最近の研究の動向まで，分子シャペロンの発現調節と機能，種々の分子シャペロンの構造・機能上の特徴，分子シャペロンと病気・創薬などについて解説する。

1 ストレス

　本書の主題である**分子シャペロン**（molecular chaperone）は，高温などを含むさまざまな**外的有害作用因子**（stressor，**ストレッサー**）によりストレスが生じその発現†が誘導される。その主たるはたらきは，細胞におけるタンパク質の恒常性の維持である。ストレスと関係する非常に多くの分子シャペロン研究が行われている。そこで，まずストレスについて述べることにする。

1.1　セリエとストレス

　「**ストレス**」という言葉は日常的に使われるが，ストレスといえば心理的ストレスを指すのが普通だろう。生物学分野では，心理的ストレスのみならず，熱（高温）ストレス，酸化ストレスや塩ストレスのように物理的・化学的ストレスに対しても用いられる。医学・生物学分野の文献検索データベースであるPubMed（https://www.ncbi.nlm.nih.gov/pubmed/）を用いて，「stress」というキーワードで検索をすると，非常に多く（2018年11月において80万以上）の論文が現れ，いまも増加傾向にあることがわかる。その理由として，生物学的・生理学的ストレスに関する研究が，バクテリアからヒトまで多様な実験材料を用いて，分子生物学，生化学，生物物理学，生理学，遺伝学などの広範囲にわたる研究分野において，基礎から応用研究まで行われていることが挙げられる。このようなストレス研究の発展の始まりは，**セリエ**（Hans Selye，カナ

---

† DNA の遺伝情報が mRNA の塩基配列に写し取られ，さらにその情報を基にしてタンパク質がつくられること。

ダ McGill 大学）が 1936 年に Nature 誌に発表したわずか 1 ページの単著論文にあるといわれている．この論文では，ラットが寒冷刺激，外科的損傷，脊髄損傷，過度な運動，種々の薬物などの有害な作用因子に曝されることによって，その生体に引き起こされる症候群を，経時的に 3 段階，すなわち警告期（alarm），抵抗期（resistance），疲憊期（exhaustion）に分けて記述している．セリエはさらに，この症候群は，生物が新たに置かれた条件・状態に自らを適応させようとする総合的努力（generalised effort）であるとまとめ，これを**汎適応症候群**（general adaptation syndrome）と呼んだ．この論文の最初に記載されているように，セリエの主たるメッセージは，「種々の有害な作用因子に対する生体の生理学的応答は類似している」であった．これはストレス（応答）の重要な特徴であるといまでも考えられている．後に，セリエはストレスを「（外界からの）**あらゆる要求に対する生体の非特異的応答**（nonspecific response of the body to any demand）」であると定義した．

　セリエは，種々の有害な作用因子に対する生体の生理学的応答は類似していると述べたが，具体的にその応答とはどのようなものであろうか．内分泌学的な応答の一つは，神経内分泌反応が惹起されて，グルココルチコイドなどの副腎皮質ホルモンやアドレナリンなどの副腎髄質ホルモンの合成・分泌を促すことである．これらのホルモンは相乗的にはたらき，血中グルコース[†]の濃度を上げ，有害な作用因子に「抵抗する」あるい作用因子から「逃げる」（恒常性の概念を発展させた Walter Cannon が述べた「fight or flight」）ために必要とされるエネルギーを供給する．なお，グルココルチコイドなどのホルモン受容体タンパク質の機能維持に，後述する分子シャペロン Hsp90 が関与している．この分子シャペロンが存在しないと，受容体が不活性化あるいは分解されてしまい，ホルモンを介したシグナル伝達がうまく動作せず，「fight or flight」応答に異常が生じることになる．

　このような生理学的応答に加えて形態学的な応答を挙げると，（その初期に

[†] ブドウ糖とも呼ばれ，細胞のための最も重要なエネルギー源である．

おいて）副腎肥大，胸腺縮小，胃の潰瘍性変化などが起こる。なお，副腎などの臓器をもたないバクテリアや植物などの生物を対象としたストレスに関する多くの研究も行われてきた。すなわち，上記のストレスという概念がバクテリアや植物にも適用されているのである。このように，ストレスの研究が広範囲に及ぶのは，「有害な作用因子」に対する応答を細胞や分子の段階に至るまで詳しく解析すると，生物種を超えて普遍的な「類似の応答」が見えてくるからである。その一つが，分子シャペロンと呼ばれるタンパク質の誘導・合成である。分子シャペロンは，高温に曝された細胞・生体が合成する**熱ショックタンパク質**（heat shock protein，**Hsp**）として発見された（2.2節）。熱あるいは高温は，「有害な作用因子」の一つであるが，動物にかぎらず，バクテリアや植物も，それらが増殖・生育している通常の生理的温度から数度高い温度に曝されると，生物種を超えてアミノ酸配列順序や立体構造がきわめて類似した，一群のHspを合成する。これらのHspの多くが分子シャペロンで，熱ストレスにかぎらず他のストレスにおいても発現誘導されるので**ストレスタンパク質**とも呼ばれる。

　発現を誘導するストレスの種類は広範囲にわたり，物理的ストレス（高温，低温，紫外線，強光，浸透圧），化学的ストレス（pH，塩，（重）金属イオン，エタノールなどのアルコール），複合ストレス（例えば，飢餓や虚血）などが挙げられる。分子シャペロンの主たるはたらきは，タンパク質の損傷を防ぐとともに，損傷タンパク質の修復・分解に関与することで，細胞のタンパク質の**恒常性**（proteostasis）を維持することであると考えられている。セリエは，ストレスを「（外界からの）あらゆる要求に対する生体の非特異的応答」と定義したが，分子シャペロンの発現誘導はストレスを代表するものであるといえるかもしれない。なお，ストレスという術語があまりに氾濫しているために，ストレスという用語（の使用）は「予測不可能かつ制御不可能な状況下で，外界からの要求が生物の調節能力を超える」条件に限定すべきであるという提案がなされている（Jaap M. Koolhaasら，2011年）。

　ストレスという言葉は，日常生活において氾濫していて，その意味もかなり

あいまいになっている。研究上でもストレスという用語を定義するのは難しい。例えば，ストレスとそれを引き起こす作用因子であるストレッサーを区別して用いるのは困難な場合がある。実際，これらを区別せずにストレスという用語が使用されることが多いのではないだろうか。本書では，このようなことを考慮して，峻別（しゅんべつ）が必要な場合を除いては，両者を区別せずに「ストレス」と記述することにする。

1.2　熱（高温）ストレス

　高温は，おそらくすべての生物にとって生命を脅かす有害な「作用因子」の一つであろう。熱（高温）ストレスはストレス研究における中心的位置を占め，PubMed を用いて heat stress あるいは heat shock というキーワードで検索をすると，それぞれ〜40 000 と〜70 000 本もの文献が出てくる。高温は，タンパク質の変性（denaturation）（4.2 節）にとどまらず，さまざまな損傷を細胞に与える。細胞は，高温による損傷を減らして「身」を守るために，迅速に応答する。高温の程度やその持続時間，さらに細胞の回復能力などに依存するが，例えば，高温下で DNA の複製，転写，翻訳などが停止し，細胞は分裂・増殖をやめる。高温に耐えきれない場合には，細胞は死滅する。重要なことに，もし高温が致死的でなければ，そのストレス後，細胞は高温に対する耐性を獲得する（1.3 節）。このような獲得性熱耐性に Hsp や分子シャペロンが関与している。以下に，高温によって生じる細胞の形態学的，生理学的変化・損傷について簡単に述べる。

1.2.1　細胞の形態学的変化・異常

　細胞が高温に曝されると，さまざまな形態学的変化が生じる。例えば，30 年以上も前に，William I. Welch と Joseph P. Suhan（1985 年と 1986 年）は，熱ショック（37℃から 42℃）によってラット線維芽細胞に生じる変化を報告している。そのいくつかを挙げると，細胞骨格（タンパク質が重合して形成され

た細胞内の線維状構造，4.1節も参照）の損傷・崩壊や再編成，ゴルジ体や小胞体などの断片化，ミトコンドリアの膨潤やミトコンドリア内膜が陥入したクリステ構造の変化，ミトコンドリアなどの細胞小器官（細胞内にある種々の器官，オルガネラともいう）の細胞内での局在変化，リボソーム[†1]（ribosome）合成の場である核小体[†2]（nucleoli）の膨潤，核やサイトゾル（cytosol）におけるストレス顆粒の出現などである（細胞の構造は図 1.1 参照）。

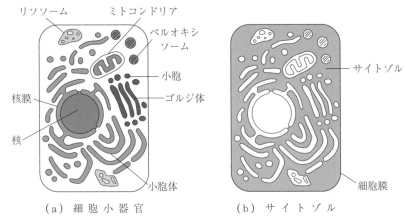

(a) 細胞小器官　　(b) サイトゾル

サイトゾルは，細胞小器官の間を埋めている液相。多くのタンパク質や核酸などを含む

図 1.1　細 胞 の 構 造[7)]

　形態学的変化の中で特筆すべきものは，サイトゾルにおける**ストレス顆粒**（stress granule, **SG**）の出現である。熱ショックで大きな顆粒（heat shock granules）の形成が誘導されることは，1983 年には Lutz Nover らが高等植物（トマト）で観察しているが，PubMed で「stress granule」というキーワードで論文検索をすると，1 年当りに発表される論文数が，90 年代では 50 にも満たなかったのが，年々増えつづけ 2016 年以降は 200 を超えるまでになっている。SG は，熱ショックなどのストレス誘起因子に応答して速やかに，一過的

[†1] タンパク質と RNA からなる複合体（顆粒）で，mRNA の情報に基づきタンパク質を合成する。すべての細胞とミトコンドリア，葉緑体に存在する。
[†2] 細胞核の中に存在する最も大きくて顕著な構造体。

にサイトゾルで形成される大きな構造体である。SGは，翻訳阻害剤により翻訳開始が阻害されても形成される。これは，ストレスによるSGの形成に翻訳阻害が関係することを示唆するものである。SGは膜構造をもたず，その形成は動的かつ可逆的であり，細胞がストレスから回復すると消失する。生物種やストレス誘起因子が異なると，その組成も異なるかもしれないが，SGはRNAタンパク質複合体で，通常，（未翻訳）mRNA[†1]，翻訳開始因子，40Sリボソーム小（40S）サブユニット，RNA結合タンパク質（例えば，ポリ（A）結合タンパク質，TIA-1，TIAR，HuR）などが含まれる。これらに加えて，**RNAヘリカーゼ**[†2]（helicase）やシグナル伝達に関与するタンパク質なども含まれることがある。

SGの形成は，ストレスから細胞を防御するためのストレス応答の一つで，高温などのストレス下における翻訳の一時的停止とストレス後の迅速な翻訳再開を保証するのに重要なはたらきをしていると考えられている。このような一過性の翻訳抑制は，異常タンパク質・変性タンパク質の蓄積を防ぎ，ストレス下におけるさらなる細胞損傷を回避する上で重要である。なお，上記のmRNAの中には，さまざまな**ハウスキーピング遺伝子**[†3]のmRNAが含まれるが，分子シャペロンの一つであるHsp70のmRNAは含まれないという。これは，SGへのmRNAの取込みが選択的であることを示唆するものであり，さらにHsp70のストレス下における選択的翻訳（2.2節）を説明するものでもある。なお，Hsp70はSGの形成を負に調節するとの報告がある。これは，Hsp70によるSG形成のフィードバック制御を示唆するもので興味深い。すなわち，ストレス下で変性タンパク質が多くなると，Hsp70はこれらと相互作用するため，他のタンパク質と相互作用しない（フリーの）Hsp70量が減少してSG量が多くなる。これに対し，変性タンパク質量が減少すると，フリーの

[†1] RNAはリボ核酸，mRNAは伝令RNAのことである。
[†2] DNAの二本鎖を巻き戻して（ほどいて）一本鎖にしたり，RNAの二次構造をほどく酵素。前者をDNAヘリカーゼ，後者をRNAヘリカーゼと呼ぶ。
[†3] 構造タンパク質や呼吸に関わる酵素など，細胞の生存に必要とされる基本的なタンパク質の遺伝子。

Hsp70 が増えて SG の形成が抑えられる，という負の制御である。なお，SG は高温に加えて，ウイルス感染，酸化ストレス，低酸素，紫外線照射，グルコース飢餓などのさまざまなストレスに応答して形成される。

1.2.2 呼吸と光合成機能の異常

　高温ストレスにおける形態学的変化・異常は，細胞に代謝学的変化も生じることを示唆するものである。生体内では，同化と異化という，エネルギーの出入りを伴うさまざまな代謝（化学反応）が行われ，生命活動を支えている。このエネルギーの受け渡しは **ATP**[†]（adenosine triphosphate）を介して行われる。動物のような従属栄養生物は，呼吸によって ATP を得ているが，その呼吸基質を（元をたどれば）植物などの独立栄養生物が光合成でつくった有機物に依存する。光合成は光エネルギーを利用して ATP をつくり，そのエネルギーを使って有機物を合成する。このように，呼吸と光合成は生命を支えているが，この両方に及ぼす高温の影響を見てみよう。

　ミトコンドリア内膜で進行する呼吸の電子伝達系は，NADH などの還元力の強い（酸化還元電位の低い）物質から弱い物質（最終的には酸素分子）に順次電子が伝達される酸化還元反応と，ATP の合成（酸化的リン酸化）が結び付いている（共役する）。熱ショック（44℃）により，酵母のミトコンドリアの酸化的リン酸化の脱共役が生じることが知られている。興味深いことに，事前に穏やかな熱処理（37℃）をされた細胞では，この脱共役は抑制される。これは，酸化的リン酸化の熱耐性に Hsp が関与することを示唆するものである。高温により，ミトコンドリアの数が減少するという報告もあるので，酸化的リン酸化の脱共役とミトコンドリアの喪失は，高温下における ATP レベルの著しい減少につながる。

　光合成は，高温による負の影響（損傷や機能低下）を最も受けやすい生理活

[†] **アデノシン三リン酸**の省略形で，エネルギー代謝などに関与する，きわめて重要な生物体内物質。ちなみに，**ADP**（adenosine diphosphate）は**アデノシン二リン酸**のことである。本書後半においては，しばしばヌクレオチドとしても言及されるが，ATP と ADP が分子シャペロン作用において重要な役割を担っている。

性の一つであるといわれている。葉緑体のチラコイド膜に存在する光化学系II（複合体）から光化学系I（複合体），最終的にはNADP$^+$に電子が伝達されNADPHが合成される。呼吸と同様に，この電子伝達と共役してATPが合成される。光化学系II（や光化学系I）の反応中心に存在するクロロフィル分子の吸光・励起により高エネルギー（還元力）状態になった電子が，隣の電子受容体に移動して電子伝達が進むわけであるが，光化学系II反応中心に電子を供給するのはH$_2$Oで，H$_2$Oから電子が引き抜かれるとO$_2$が発生する。光化学系IIは高温に対して非常に不安定である。その主たる原因は，O$_2$発生反応系の触媒中心であるマンガンクラスター[†1]（cluster）が高温により損傷を受け，光化学系IIが機能を失うことであると考えられている。

　上記の光合成「明反応」のみならず，「暗反応」，いわゆる**カルビン・ベンソン回路**も高温感受性である。暗反応を律速するのは，**ルビスコ**（rubisco）が触媒する二酸化炭素固定反応である。なお，ルビスコとは，リブロース-1,5-ビスリン酸カルボキシラーゼ/オキシゲナーゼ（ri̲bulose 1,5-bi̲sphosphate c̲arboxylase/o̲xygenase）の通称である。ルビスコの触媒活性が高温で減少することが知られているが，この減少は，ルビスコではなく，ルビスコを活性化する**ルビスコアクチベース**（rubisco activase）が失活するためであるといわれている。なお，ルビスコアクチベースを欠損したシロイヌナズナ（*Arabidopsis thaliana*，アブラナ科に属する被子植物）変異株[†2]は，通常の大気中ではほとんど光合成を行うことができないという報告もあり，この酵素は光合成に必須の調節酵素である。葉緑体に局在する分子シャペロンであるシャペロニン60（Cpn60，7.4節）が，ルビスコの大サブユニット（5.1節）に加え，ルビスコアクチベースとも相互作用し，この不安定な酵素を熱変性から守るのではないかという示唆がなされている（Michael E. Salvucci，2008年）。「ルビスコの大サブユニット」と前に書いたが，ここでサブユニットの説明をしておこう。生化学辞典では，一つの機能発現単位（生体高分子や生体粒子など）が，非共有

[†1] 複数の原子および分子の集合をクラスターと呼ぶ。
[†2] 遺伝子が変化して，野生株とは異なる形質を獲得した生物個体・細胞のこと。

結合で会合（4.6節脚注 参照）した複数個の構成成分から成り立っている場合，その構成成分を**サブユニット**（subunit）という，と定義されている。植物のルビスコ（生体高分子の一つ）はサイズの異なる大サブユニット8個と小サブユニット8個が会合して機能をもつ集合体（オリゴマー）をつくる。タンパク質生合成の場としてはたらく**リボソーム**は巨大なRNA-タンパク質複合体（粒子）で，多数のタンパク質とRNAからなる（https://pdbj.org/mom/121）。リボソームは，大サブユニットと小サブユニットからなるが，ルビスコの大小サブユニットとは異なり，どちらのサブユニットも多数のタンパク質やRNAから構成されている。

1.3　Hspと獲得性熱耐性

比較的穏やかな高温処理された細胞は，それに引きつづく致死的な高温下における生存率を著しく向上させる。生物は一般に外部環境の温度の上昇に応答して，高温に順化し，その負の影響を緩和する生体防御機構をもつのである。例えば，酵母を通常の培養温度である25℃から直接50℃（致死温度）の恒温槽に移した（25℃→50℃）ものと，あらかじめ37℃で30分間の前処理をしてから，同様に50℃の処理（25℃→37℃→50℃）をしたものの生存率をそれぞれ測定したところ，穏やかな高温処理をしたものの生存率は，実に1 000倍から10 000倍に増大したという報告がある（図1.2（a））。このような現象は，大腸菌，シアノバクテリア[†]などの細菌から，ショウジョウバエやラット（培養細胞），ダイズなどの植物でも観察されている。すなわち，穏やかな高温（事前）処理による細胞の熱耐性獲得（**獲得性熱耐性**, acquired thermotolerance）は，種を超えて，細胞レベルでも個体レベルでも観察される。

上記の結果から，穏やかな高温あるいは「熱ショック」に応答して，細胞・生体内になんらかの防御的な生物学的反応が引き起こされて，激しい（致死的

[†] ラン藻と呼ばれることもあるが，細菌の一種である。大腸菌と同じグラム陰性細菌に分類されるが，光合成を行う独立栄養生物である。

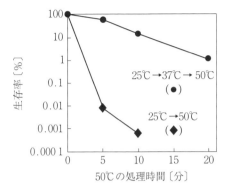

(a) 酵母の獲得性熱耐性

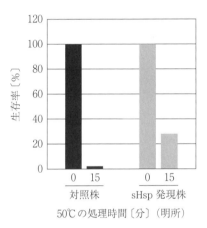

(b) シアノバクテリアの獲得性熱耐性への分子シャペロンの関与（生存率）

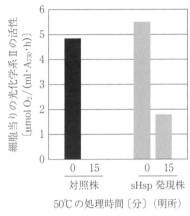

(c) シアノバクテリアの獲得性熱耐性への分子シャペロンの関与（光化学系II活性）

図1.2 獲得性熱耐性と分子シャペロンのそれへの関与（図(a)はParsell and Lindquist (1994), 図(b), (c)はNakamotoら (2000)）

な）高温における熱耐性を獲得したものと考えられる。熱ショックに対する遺伝子発現を介した応答が，すでに述べてきたHspや分子シャペロンの発現誘導である。トランスクリプトーム解析やプロテオーム解析などの，細胞内のすべてのmRNAやタンパク質を対象とする網羅的解析により，さまざまな細胞・生物種において熱ショックで誘導される遺伝子やタンパク質が明らかにされて

きた。その結果，古細菌からヒトに至る異なる生物において，50〜200の遺伝子が有意に誘導されることが明らかにされている。例えば酵母の場合，〜23℃から37℃への温度上昇で，2次元電気泳動で分離された500種のタンパク質のうち，80以上のタンパク質の合成が促進され，300以上のタンパク質の合成が抑制される。

熱ショックで誘導されるタンパク質は，機能別に以下の七つのクラスに分類される（Klaus Richterら，2010年）。

① 一群の分子シャペロン。変性タンパク質どうしの凝集[†1]（aggregation）を抑制する。さらに，タンパク質凝集体の可溶化や変性タンパク質が元の構造に戻るのを助ける。

② プロテアーゼなどのタンパク質の分解に関係するタンパク質。分子シャペロンによる変性・凝集したタンパク質の再生が不可能な場合には，それらを分解除去して，細胞におけるタンパク質恒常性維持に寄与するものと考えられる。なお，分子シャペロンはタンパク質分解にも関与する。

③ 損傷した核酸の修復に関係する酵素など。

④ 代謝に関与する酵素。発現する酵素（の種類）は生物種によってしばしば異なる。このような酵素が誘導されるのは，高温に適応するために代謝経路の変更・調整などが必要とされるためかもしれない。

⑤ 転写因子やキナーゼ[†2]（kinase）などの調節タンパク質/酵素。これらは，ストレス応答反応のさらなる増幅あるいは緩和などに関与するものと考えられる。

⑥ 細胞骨格のような細胞の形の維持などに関係するタンパク質。

⑦ 輸送や解毒，生体膜の安定化などに関係するタンパク質。

Hspは高温以外にも低温，紫外線，毒物などさまざまな有害な作用因子によっても発現が誘導されるが，作用因子の種類が変わると，誘導されるHsp

---

[†1] 液体中に分散して存在していた（可溶性の）タンパク質が集合して塊などをつくる現象。

[†2] リン酸化酵素。ATPなどのヌクレオシド三リン酸の末端リン酸基を水以外の化合物に転移する反応を触媒する。

の種類や発現の程度も異なる。

　本書の主題である分子シャペロンが，獲得性熱耐性の発現に関与することを支持する実験結果が多数得られている。例えば，Hsp の一つで，分子シャペロンとして機能する低分子量 Hsp（11 章）を構成的に高発現するシアノバクテリアを構築したところ，致死的高温におけるこの変異株の生存率は，対照株に比べると約 10 倍に増加し，光化学系 II 活性の熱耐性も顕著に向上した（図 1.2（ b ），(c ））。さらに，高温処理により引き起こされるチラコイド膜の膨潤や断片化といった形態異常も抑制された（Hitoshi Nakamoto ら，2000 年）。この分子シャペロンは，細胞の可溶性画分†（fraction）とチラコイド膜などの生体膜画分の両方に存在するため，サイトゾルのタンパク質に加え，生体膜も高温などのストレス下で安定化されると考えている。一方，低分子量 Hsp 遺伝子を破壊すると，シアノバクテリアの熱耐性獲得能が著しく減じ，チラコイド膜の形態異常が顕著になり，光合成活性の熱耐性が減少すると報告されている。このように，ある分子シャペロンが高温下で，細胞を防御するために重要な役割を果たすことは，その遺伝子を破壊した変異株，あるい逆に，遺伝子高発現株を構築して，高温における変異株の生存率が（目的とする分子シャペロン遺伝子の発現や機能に異常がない野生株あるいは対照株と比べて）低下あるいは向上するかを調べることで評価できる。

---

†　混合物を構成する成分に分けて得られるそれぞれの成分。例えば，細胞を破壊して，（超）遠心分離すると，サイトゾルと細胞小器官などを分離することができる。この遠心分離で得られた上清をサイトゾル画分あるいは可溶性画分と呼ぶ。生体膜やタンパク質凝集塊などを含む水に溶けない画分をまとめて，不溶性画分ということがある。

熱ショック応答

すでに述べたように，Hspや分子シャペロンは熱ストレス（応答）に関与する．この章ではまず，**熱ショック応答**（heat shock response，**HSR**）とHspがどのように発見されたのかを説明する．つぎに，Hspの中でも，後に分子シャペロンと呼ばれるようになるタンパク質が，生物種を超えて，進化的に高度に保存されたタンパク質であることが明らかにされていく過程について述べる．

2.1 熱ショックパフと熱ショック応答の発見

Hspの発見の端緒を開いたのは，イタリアの研究者，リトッサ（Ferruccio Ritossa）である．古い歴史をもつボローニャ大学（University of Bologna）を卒業後，リトッサは，イタリア北部ミラノに近いPaviaにAdriano Buzzati-Traversoが設立したばかりの2年制の専修コースに入学した（1959年）．このコースでは，海外の一流の研究者らを招き，当時イタリアで最新の分子生物学・遺伝学を教えていた．2年次には，実験・研究に専念できるようにカリキュラムが組まれていた．リトッサは，（遺伝学分野の）実験材料として，当時最も人気のあったファージ（例えばbacteriophage T4）ではなく，ショウジョウバエ（*Drosophila*）を選んだ．バクテリアとヒトの中間に位置するよい材料と思ったのがその理由である．彼の研究目的は，ショウジョウバエの唾（液）腺染色体の膨らみにおいて，DNAかRNAのどちらが合成されるのかを明らかにすることであった．ショウジョウバエの（幼虫の）唾液腺の細胞には，通常の体細胞に見られる染色体よりもはるかに大きい巨大染色体が存在す

る。この染色体の特定の部位が膨れている様子がしばしば観察され，この部分はパフと呼ばれる。パフの位置や大きさは発生（development）の進行に伴って変化することが当時からわかっていて，mRNAの合成と関係すると考えられていた。

　ある日，自分が使用していたインキュベーターの設定温度を，研究室の誰かが，勝手に高温に変えていた。このインキュベーターの試料を捨てないで，唾腺染色体を（おそらく）光学顕微鏡で観察したところ，いままでとは異なるパフのパターンが観察された。リトッサは，ショウジョウバエ幼虫（あるいは摘出された唾液腺組織）を通常の培養温度（25℃）から高温（30℃）に短時間（30分間）曝すと，唾腺染色体のいくつかの特定の部位に**パフ**（heat shock puff）が新たに誘導されることを発見したのである。一方，通常温度で存在していたパフは，この熱ショックにより観察できなくなった。このパフの誘導は非常に早く，熱ショック後数分以内で起こるが，一過的であった。すなわち，幼虫を通常の培養温度に戻すと，熱ショックで誘導されたパフは消え，熱ショック前のパフが再び現れた。これは，わずか数度の温度上昇（熱ショック）がパフのパターン（遺伝子の活性化）に直接影響するという最初の発見である。研究結果をまとめて，著名な学術雑誌に投稿したが受理されなかった。しかし，その後幸いにもExperientiaという雑誌に採択された。熱ショック応答やHspに関する研究の出発点は，50年以上前に，リトッサが「A new puffing pattern induced by temperature shock and DNP in *Drosophila*」というタイトルで発表した（実質的に）2ページにも満たない，この単著論文にあるといわれている。

2.2 Hsp の 発 見

　パフでは遺伝子が活性化されてmRNAの合成（転写）が盛んに行われているということが明らかにされると，リトッサが偶然発見した熱ショックパフ由来の熱ショックで誘導されるタンパク質解明のための研究が行われ始めた。こ

の研究を可能にしたのが，1970年前後に確立され，いまも代表的な生化学的分析手法の一つである **SDS-PAGE**（$\underline{s}$odium $\underline{d}$odecyl $\underline{s}$ulfate-$\underline{p}$oly$\underline{a}$crylamide $\underline{g}$el $\underline{e}$lectrophoresis，**ドデシル硫酸ナトリウム-ポリアクリルアミドゲル電気泳動）法**の確立である。1970年以前に，陰イオン性界面活性剤であるSDS存在下で種々のタンパク質を電気泳動で分離すると，それらの分子量の対数と移動度の間に良好な直線関係が見られることが明らかにされていた。

1974年，Alfred Tissièresらは平板状ゲルを用いたSDS-PAGEにより，ショウジョウバエの唾液腺組織・細胞から，（～25℃から37℃への）熱ショック処理したときに新規合成される種々のタンパク質を分離した。熱ショック前後で合成されるタンパク質を区別するために，熱ショック時に硫黄の放射性同位元素 ^{35}S で**標識**[†]（labeling）したメチオニンを細胞に取り込ませた。この処理によって，熱ショックで誘導されるタンパク質のみを，^{35}S で放射性標識するわけである。電気泳動後，ゲルを乾燥し，X線フィルムを重ねて暗所で放置すると，標識されたタンパク質のあるところのみがX線フィルム上に黒いバンドとなって現れてくる。新規合成されたタンパク質が，それらの分子量に従って分離されたが，6種類程度のごく限られたタンパク質の合成が著しく誘導されるのに対して，通常の生育温度で合成される非常に多くの種類のタンパク質（housekeeping proteins）の合成は抑制されることが明らかになった（1974年）。分子量～70 000のタンパク質は，新規合成されるタンパク質の放射活性の20％程度を占める主要タンパク質であった。

この後，これらのタンパク質は多くの研究者の注目を集めることとなり，熱ショックタンパク質（Hsp）と呼ばれるようになった。Susan Lindquistら（1975年）は，熱ショック処理をしたショウジョウバエ組織から，上記の主要HspをコードするmRNA（熱ショックmRNA）を単離し（「コードする」の意味に

[†] 化合物や分子を同定するために，化合物の一部を改変して目印をつけること。本文に出てくる，（放射線を放出する）放射性同位体 ^{35}S で標識されたメチオニンでは，メチオニンの側鎖が -CH$_2$-CH$_2$-^{35}S-CH$_3$ になっている。なお，イオウの同位体の種類は多いが，^{32}S の天然存在比が最も大きい。

ついては、2.3節の脚注を参照)、これがリトッサによって**同定**†(identification)された熱ショックパフの一つに相補的に結合することを *in situ* ハイブリダイゼーション法で明らかにした。これは、リトッサの顕微鏡観察による熱ショックパフの発見と1974年のTissièresらが検出したHspを結び付けるもので、この後、Hspや高温ストレスの研究は生化学・分子遺伝学・分子生物学分野で著しく発展していくことになる。なお、熱ショックで新規に合成されるHspは、上記の初期の研究で明らかにされた6種類に限られるわけではない。これらは熱ショックで顕著に発現誘導される主要なHsp(分子シャペロン)であるが、すでに述べたように量的に主要でないHspも誘導される(1.3節)。

　その後、ショウジョウバエ以外にも、大腸菌、酵母、テトラヒメナ(原生生物)、細胞性粘菌、ウニ、ニワトリ、ハムスター、ヒト、タバコ、ダイズなどでもHspが検出された。特に、上記の分子量〜70 000のタンパク質(Hsp70)は、サイズのみならず電気的性質(等電点)も異なる生物種間で類似し、さらにニワトリのHsp70の抗体が、ヒト、ショウジョウバエ、酵母のタンパク質と特異的に反応することがわかった。このように種を超えて、類似のHspが誘導されることから、熱ショック応答の生物界における普遍性、進化における保存性が強く示唆され、Hsp70などのHspが生物の進化の歴史において非常に古くから存在したものであることも暗示された。さらに、高温以外のストレッサー、例えばヒ素やカドミウム、アミノ酸アナログ(例えば、アルギニンの類似物質カナバニンやスレオニン(トレオニン)に類似したヒドロキシノルバリン)、エタノール、低酸素などでも、Hsp70などの主要Hspが誘導されることが明らかになった。

　これらの結果は、主要Hspの誘導が、熱ストレスにかぎらない、もっと一般的なストレス応答であることを示唆するものであった。セリエは、ストレスを「(外界からの)あらゆる要求に対する生体の非特異的応答」と定義した(1.1節)が、Hspあるいは分子シャペロンの発現誘導は、異なるストレッサー

---

† 何であるかを決定すること。

に対する類似の（非特異的）応答であることが確かめられていったわけである。この応答は，ストレスに対する生体防御や細胞の恒常性維持と関係すると考えられたが，主要な Hsp が分子シャペロンとして細胞のタンパク質恒常性維持のために必須のはたらきをすることが明らかにされるまでには，Hsp の同定から 10 年以上の歳月が必要であった。

2.3 Hsp 遺伝子のクローニングと Hsp の普遍性

上述のように，種を超えて**相同**[†]（homology）な Hsp が誘導されることが「示唆」されたが，相同性をより確固としたものにするには遺伝子のクローニング（クローン化），すなわち目的の遺伝子（Hsp 遺伝子）を含む DNA 断片の単離，を行う必要があった。そのためには，種々の DNA の組換え実験法などに加え，DNA の塩基配列決定法の確立（〜1977 年）を待たねばならなかった。1978 年〜1980 年にかけてショウジョウバエの主要 Hsp である Hsp70 の遺伝子を含む DNA は単離されていたようであるが，Elizabeth Craig らによって，ショウジョウバエの（1980 年），次いで酵母の Hsp70 遺伝子（1982 年）の塩基配列が決定された。これらから Hsp70 のアミノ酸配列が推定され，さらに酵母とショウジョウバエの Hsp70 の相同性が求められた。その値（〜70％）は，Hsp70 が進化的に高度に保存されていることを定量的に示すものであった。さらに，Hsp70 遺伝子が類似の配列をもつ遺伝子の集まり，すなわち**多重遺伝子族**（multigene family）を形成することや，それらが異なる発現調節を受ける，すなわち，あるものは熱ショックで発現が誘導されるが，他のものは誘導されないことなども明らかにされた。熱ショックで発現誘導される Hsp70

[†] 同じ起源（共通祖先）に由来したものどうしである場合の関係をいう。タンパク質の場合には，異なるタンパク質どうしのアミノ酸配列の類似性に基づき相同かどうかを判断する。例えば，100 個のアミノ酸からなる 2 種類のタンパク質のアミノ酸配列を比較して，80 個のアミノ酸からなる配列が同一の場合，それらが偶然に一致している確率はゼロに近いので，これらの配列は共通祖先から由来した（相同である）と考えるのである。

に対して，そうでない Hsp70 の**ホモログ**[†1]（homolog）は，**Hsc**（<u>h</u>eat-<u>s</u>hock <u>c</u>ognate）**70** と呼ばれた。これらは，発生（development）に伴い異なる発現調節を受けることもわかった。なお，構成的に発現する Hsp の発見は，Hsp が非ストレス時にも重要なはたらきをすることを示唆するものであった。

　Craig の研究室の大学院生だった James Bardwell は，原核生物である大腸菌の DnaK を「**コードする**」[†2] 遺伝子の塩基配列を決定した（1984 年）が，驚くべきことに DnaK のアミノ酸配列はショウジョウバエの Hsp70 のそれと 48％同一であった。さらに，古細菌（*Methanosarcina barkeri*）のゲノム DNA が，ショウジョウバエ，酵母，大腸菌の Hsp70（DnaK）遺伝子とハイブリッド形成する（一本鎖にした核酸同士が，相補性をもつ塩基対間の水素結合により二本鎖を形成する）ことを明らかにし，真核生物（酵母とショウジョウバエ），真正細菌（大腸菌），古細菌のすべての生物ドメインに Hsp70 遺伝子が存在することを示した[†3]。すなわち，Hsp70 が進化的に高度に保存された重要な遺伝子であることが疑いようのないものになったのである。筆者は Bardwell の研究室に滞在したことがあるが，彼が，自分の大学院生活のすべては（いまならはるかに短期間に完了しうる）遺伝子のクローニングと塩基配列の決定に終始したと話すのを聞いたことがある。

　また，Bardwell と Craig（1987 年）は，ショウジョウバエの Hsp83 をコードする DNA とハイブリッド形成する大腸菌ゲノム DNA 断片を単離（クローニング）し，塩基配列を決定し，推定アミノ酸配列が Hsp83 と類似する（41％同一な）**オープンリーディングフレーム**（**ORF**）を見つけた。なお，Hsp83

[†1]　二つのの配列（遺伝子/タンパク質）があり，それらが共通の祖先に由来するならば，それらをホモログという。つまり，前の脚注の相同という用語を使えば，相同体のことである。ホモログは，オーソログ（ortholog）とパラログ（paralog）の 2 種類に分けられる。オーソログは，異なる生物に存在する相同な遺伝子群で，種分岐の際には同じ遺伝子だったが，種分化の際に分岐したホモログである。一方，パラログは，遺伝子重複によって生じた二つの類似遺伝子である。

[†2]　核酸の塩基配列を，タンパク質を構成するアミノ酸に変換する対応づけを行うこと。

[†3]　生物は，真核生物，原核生物，古細菌に分けられ，大腸菌やシアノバクテリアは真正細菌で，古細菌は真正細菌と同様に核をもたない原核生物であるが，生化学的性質などに真核生物のものと相同性が見られる。

は，分子シャペロン Hsp90 **ファミリー**[†]（family）のメンバーである。当時，Hsp90 は真核細胞サイトゾルに大量に存在するタンパク質であり，ステロイドホルモン受容体などと複合体を形成することがすでにわかっていた。上記の ORF は，すでに同定されていた大腸菌の Hsp（C62.5）をコードすることが明らかにされ，***htpG***（high temperature protein G）**遺伝子**と命名された。この結果は，Hsp90 遺伝子が（ステロイドホルモン受容体などをもたない）大腸菌にも存在することを明らかにしたもので，Tissieres らによって同定された Hsp の中に，Hsp70 以外にも進化的に高度に保存されたものが存在することを示すものであった。この論文の考察で，Bardwell と Craig は，大腸菌と真核生物の Hsp90 ホモログや Hsp70 ホモログ間に見られる保存性（それぞれ〜42％と〜50％の同一性）は，原核生物と真核生物間で最も高度に保存されたタンパク質であると当時報告されていた，ミトコンドリアの翻訳伸長因子 Tu（酵母と大腸菌のそれは，〜64％の同一性を示す）やサイトゾルの glyceraldehyde-3-phosphate dehydrogenase（〜53％同一性）に匹敵するものだと述べている。この高度な保存性は，タンパク質合成や（グルコースなどをピルビン酸にまで分解する）解糖系などに匹敵するような普遍的な反応系・過程に Hsp が関与することを示唆するものであったが，その機能は不明であった。

[†] アミノ酸配列や構造上の類似性を示す，進化上の共通祖先に由来すると推定されるタンパク質のグループ。ファミリーを，より近縁のものを集めたサブファミリーと，より上の階層に位置する，遠縁のものの集合である**スーパーファミリー**（superfamily）に分けることがある。

3 熱ショック応答の分子メカニズム

　一群のHspの発現誘導は，通常の生育温度から数℃以上の温度上昇によって引き起こされる。このような熱ショック応答は，大腸菌，酵母やヒトなどにかぎらず，極端な高温や低温で生息する生物についても観察される普遍的な現象である。生物の最適生育温度はさまざまであるが，その温度の違いにより，例えば微生物の場合，好冷菌，中温菌，超好熱菌などに分類される。超好熱菌とは至適生育温度が80℃以上の微生物の総称で，古細菌に属するが，その中には，（高水圧下）122℃で増殖し，オートクレーブに耐える超好熱菌も存在する。一方，0℃でも生育可能で，最適生育温度が15℃以下である好冷性細菌（好冷菌）も存在する。これらの極限条件で生育する微生物も，熱ショックによりHspを誘導することが知られている。例えば，好冷菌の一種である *Colwellia maris* の *dnaK* 遺伝子は，10℃から20℃への温度上昇で発現が誘導される。一方，超好熱古細菌の一種である *Sulfolobus shibatae* のシャペロニン（5.4節，7章，GroELやルビスコ結合タンパク質と相同なタンパク質）遺伝子は，通常の培養温度である70～75℃から85～90℃への熱ショックで発現が誘導される。

　このように，熱ショックによるHspの発現誘導は，種を超えて普遍的に観察される。すでに述べたように，Hspの中には分子シャペロンや**プロテアーゼ**[†]（protease）などが含まれるが，熱ショックを受けた細胞は分子シャペロンやプロテアーゼの細胞内濃度を適切に調節し，タンパク質恒常性を維持しようとする。それでは，どのようなメカニズムで一群のHspの発現誘導が引き起こされるのだろうか。以下に，真正細菌と真核生物の熱ショック応答機構について説明する。具体的には，主要Hspである分子シャペロンの発現誘導機構について解説する。扱いやすく増殖も速いなどの理由でモデル生物として用いられてきた大腸菌や酵母の研究が，熱ショックによって引き

[†] タンパク質分解酵素。ペプチド結合の加水分解反応を触媒する。

起こされる Hsp（分子シャペロン）発現誘導機構の研究を先導してきたが，どちらの生物においても発現誘導の主要な調節は，転写段階で起こることが明らかにされている。この転写調節には，さまざまな Hsp 遺伝子の発現を一括して調節する**マスターレギュレーター（転写因子）**が関与している。この転写因子が Hsp 発現誘導や細胞の熱耐性に重要な役割を果たしていることは，大腸菌のマスターレギュレーターであるシグマ 32 因子（3.1 節）をコードする遺伝子に変異が入ると，熱ショックによるさまざまな Hsp の発現誘導が起こらず，大腸菌は穏やかな高温（42℃）でも増殖できなくなることから明らかである。真核生物の熱ショック応答のマスターレギュレーターの一つは熱ショック転写因子（HSF，3.4 節）である。

　この章では，これらのマスターレギュレーターについて詳しく解説するとともに，バクテリアにおけるシグマ 32 因子が関与しない転写調節についても述べる。なお，これら以外の Hsp 遺伝子の発現調節機構も知られている。例えば，バクテリアに関しては，シグマ 32 因子とは異なるストレスシグマ因子（alternative sigma factor）による調節，2 成分制御系による調節，*Streptomyces albus* の RheA（repressor of hsp eighteen，それ自身が温度センサータンパク質[†]としてはたらく）による低分子量 Hsp 遺伝子の発現調節，*Streptomyces coelicolor* などのバクテリアにおける HspR（heat shock protein R）リプレッサー（抑制因子）による *dnaK* オペロンの発現調節などが報告されている。

3.1　グラム陰性菌である大腸菌における熱ショック応答の正の調節 ─シグマ 32 レギュロン─

3.1.1　シグマ 32 因子の発見

　分子遺伝学・生化学のモデル生物である大腸菌を用いて，Hsp 遺伝子発現調節機構に関する研究が先導された。詳細は省くが，熱ショック（通常の培養温度 30℃ から 42℃ の温度上昇）後の Hsp の合成速度の解析や転写阻害剤の影響を調べることにより，Hsp の発現調節が主に転写段階で起こることがまず示唆

[†]　光，熱，金属イオンなどのさまざまな外部環境の変化，あるいは細菌やウイルスなどの病原体などを感知，あるいは検知するタンパク質。検知された情報は，細胞内に伝達される。

された.さらに,Takashi Yura と Frederick C. Neidhardt らは,すでに単離されていた高温感受性変異株の中に,熱ショックでさまざまな Hsp を発現誘導できない変異株を見つけた.これは,この株において変異した遺伝子が,特定の Hsp の遺伝子ではなく,複数の Hsp の発現に関わる調節因子をコードすることを示唆するものであった.変異株と野生株を比較することにより,彼らは,変異株においてのみ欠損している分子量〜32,000 のタンパク質を見つけ,これが多数の遺伝子を一括して制御する正の転写因子ではないかと考えた.このタンパク質をコードする遺伝子(*rpoH* あるいは *htpR*)をクローニングし,その推定アミノ酸配列を,すでに明らかにされていた主要シグマ因子,すなわち**シグマ70(σ^{70})因子**(*rpoD* 遺伝子産物)のそれと比較した.驚くべきことに,タンパク質のサイズはシグマ70因子の半分程度であるにもかかわらず,両者に高度に保存されているアミノ酸配列あるいは領域が明らかになった.これは,このタンパク質が新規な転写因子であることを強く示唆するものであった.

ここで,シグマ因子について短く説明しておこう.上記の主要シグマ因子とは,通常の生理条件下で機能する大多数のハウスキーピング遺伝子の**プロモーター**[†](promoter)配列(図 3.1)を認識するシグマ因子のことである.大腸菌

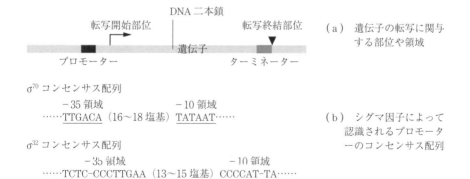

図 3.1 転写反応開始におけるシグマ因子の関与

[†] 転写の開始に関与する遺伝子上流領域で,具体的には遺伝子の 5′ 側上流にある転写開始の目印になる短い塩基配列.

3. 熱ショック応答の分子メカニズム

などでは単一種のRNA **ポリメラーゼ**[†1]（polymerase）が存在し，3種のサブユニットからなる**四量体**[†2]の**コア酵素**[†3]に，プロモーター認識と転写開始のみに関わるシグマ因子が結合し（その結果，RNAポリメラーゼの**ホロ酵素**[†4]となって），遺伝子の転写が行われる。複数のシグマ因子は，コア酵素を共同で用いるわけで，競合することもありうる。

Carol A. Gross らは，*rpoH*遺伝子にコードされるタンパク質が，Hspをコードする遺伝子の（主要シグマ因子σ^{70}が認識するプロモーターとは異なる配列をもつ）熱ショックプロモーター（図3.1）を特異的に認識して，RNAポリメラーゼによる転写を開始させることを *in vitro* の転写反応解析により明らかにした（1984年）。このようにして**シグマ32（σ^{32}）因子**が発見された。

シグマ32因子は，異なるHsp遺伝子に共通に見出される熱ショックプロモーター配列に特異的に結合するために，ゲノム上に散在するさまざまなHsp（分子シャペロンやプロテアーゼ）遺伝子が，熱ショックにより一斉に転写される。このようなシステムは，**熱ショックレギュロン**（heat shock regulon）と呼ばれる。以下に述べるように，熱ショックによる大腸菌のさまざまなHsp遺伝子の発現は，マスターレギュレーターであるシグマ32因子の細胞内濃度と活性の変化によって調節される。この調節に，DnaK/DnaJ/GrpEやGroES/GroELなどの分子シャペロン，**コシャペロン**[†5]（cochaperoneあるいはco-chaperone）や，プロテアーゼが関与する。

[†1] 構成単位の重合反応を触媒する酵素。RNAポリメラーゼは，ヌクレオチドを多数つないで，直鎖状のポリヌクレオチド鎖を合成する。

[†2] 〜量体とは，〜個のサブユニットから構成されるタンパク質をいう。RNAポリメラーゼコア酵素は，αサブユニット2個とβおよびβ'サブユニット各1個からなる。これにωサブユニットを加える場合もある。

[†3] コア酵素はRNA合成はできるが，プロモーター認識ができない。

[†4] 非タンパク質性の分子が結合した触媒活性をもつ酵素。広義には，数種のサブユニットからなる酵素にも用いられる。RNAポリメラーゼやルビスコがその例である。各サブユニットが，完全な機能を発揮しうる会合状態で存在する場合，この状態の酵素もホロ酵素と呼ぶ。

[†5] 分子シャペロンの補助因子である。基質（タンパク質）ではない。具体的には，分子シャペロンのATPase活性や基質親和性を調節したり，基質を分子シャペロンに受け渡すことで，分子シャペロンのはたらきを助ける。基質タンパク質については，2ページ後の脚注を参照。

3.1.2 シグマ32因子の細胞内濃度の調節

30℃から42℃への温度上昇により，細胞内のシグマ32因子の濃度が一時的に増加する．さらに，シグマ32因子を大量発現させた大腸菌では，30℃でもHspの合成が増加した．これらの結果は，シグマ32因子の濃度変化によって，Hsp遺伝子の転写が調節されることを示すものである．熱ショックによるシグマ32因子の細胞内濃度の増加は，シグマ32因子の翻訳（生合成）の促進とその安定化の両方によって起こる．これらの調節について以下に述べる．

〔1〕 **シグマ32因子の翻訳促進**　シグマ32因子の熱ショックによる翻訳の促進は，主に転写後段階で調節されていることがYuraらによって明らかにされた．温度の上昇は，*rpoH* mRNAの二次構造を融解し翻訳促進を導くという調節メカニズムである．すなわち，低温あるいは常温で（分子内の塩基間水素結合により）形成される*rpoH* mRNAの二次構造のために，リボソームが結合できなくなり，翻訳が起こらない．一方，高温では（RNAの融解により）この二次構造が変化し，リボソームが結合できるようになって翻訳が増大する．すなわち，このマスターレギュレーター（転写因子）の発現は，特定のタンパク質やタンパク質と特異的に結合する物質であるリガンドなどによる調節ではなく，それ自身の遺伝子の転写産物が温度センサーとしてはたらくことで，自己調節されているのである．

〔2〕 **シグマ32因子の安定化**　シグマ32因子は非ストレス条件下では非常に不安定（半減期は〜1分）であるが，熱ショック後最初の4〜5分間は，一時的に安定化される．これがHsp遺伝子の一過的発現に寄与するものと考えられる．この安定化に関与する，少なくとも二つの負の因子が存在する．一つはシグマ32因子を分解するプロテアーゼ（FtsHなど）であり，もう一つは分子シャペロン（DnaKとGroEL）である．

*ftsH*変異株におけるシグマ32因子の細胞内の濃度は，（生育非許容温度において）野生株のそれよりも高い．これは，FtsHがシグマ32因子の分解に関与することを示すものである．FtsHはHspの一つで，膜結合性のATP依存の必須プロテアーゼである．FtsHは亜鉛を含むメタロ（金属）プロテアーゼの

一つであり，N末端（6章冒頭の脚注を参照）側に膜貫通領域をもち，それにつづいてAAA（10.3.1項）**ドメイン**[†1]（domain）とプロテアーゼドメインがサイトゾル側に存在する。FtsH以外にもHslUV（ClpYQ）などを含むサイトゾルのATP依存のプロテアーゼもシグマ32因子の分解に関与しているとの報告がある。なお，熱ショックによりFtsHが増えるにもかかわらず，シグマ32因子が一過的に安定化するのは不思議に思える。

この安定化は，(1) ストレスで，FtsHの**基質**[†2]（substrate）（変性タンパク質など）が増えるため，シグマ因子は一時的に分解を免れる，(2) シグマ32因子がRNAポリメラーゼのコア酵素と結合することで，FtsHによって分解される領域が覆われて防御される，(3) FtsHが一時的に不活性化する，などによって起こるのではないかと考えられている。なお，シグマ32因子は可溶性タンパク質であるのに対して，FtsHは大腸菌の内膜に局在するタンパク質である。分解反応が起こるには，シグマ32因子は内膜に移送される必要がある。

FtsHに加えて，シグマ32因子の安定化に関与する負の因子が，GroES/GroEL（7章）やDnaK/DnaJ/GrpE（8章）である。これらの分子シャペロン/コシャペロンは，後述するようにシグマ32因子の活性も負に調節する。Grossらや Costa Georgopoulos らによって，*dnaK*, *dnaJ* あるいは *grpE* の遺伝子変異株においては，非ストレス条件下でもHspの合成が促進されることが明らかにされた。さらに，これらの変異株では，熱ショック応答が停止せず，Hspの合成が持続する。一方，DnaKやDnaJの発現量（細胞蓄積量）を増やすと，シグマ32因子が減少し，熱ショック応答の停止が早く起こるようになる。DnaKと同様にGroELも熱ショック応答に影響を及ぼす。すなわち，GroEL/GroESの細胞蓄積量が増えるとシグマ32因子の活性が減少するのに対して，

[†1] 分子の構造上あるいは機能上の一つのまとまりをもつ領域。一般的には，ドメインは30〜300程度のアミノ酸残基からなり，一つあるいは複数の構造モチーフをもつ。モチーフについては，3.4.1項の脚注を参照。

[†2] 通常，酵素によって触媒作用を受ける化合物あるいは分子をいうが，分子シャペロンの基質という場合には，分子シャペロンを酵素と同様に考えて，分子シャペロンの作用を受けるタンパク質を指す。本書後半において，各分子シャペロンのこの基質（タンパク質）をいかに同定するかということが，重要な問題として浮上してくる。

GroEL/GroES 特異的な基質を同時に大量発現させて GroEL/GroES とシグマ 32 因子の相互作用を妨げると，この活性減少効果が消失する．さらに，細胞の GroEL/GroES を欠乏させるとシグマ 32 因子が増える．

上記の負の因子によるシグマ 32 因子の安定性の調節機構はどのように説明されるのだろうか．シグマ 32 因子は DnaK や DnaJ と物理的に相互作用し，安定な 3 者複合体を形成することが知られている．このような複合体形成を経て，シグマ 32 因子の分解が起こるのではないかと考えられる．DnaK/DnaJ は，

(1) シグマ 32 因子を，凝集せず分解されやすい状態に維持する，
(2) FtsH プロテアーゼとの相互作用を促進する，

ことにより分解を助けているのかもしれない．

3.1.3 シグマ 32 因子の活性調節

Hsp 遺伝子の発現調節はシグマ 32 因子の細胞濃度だけでは説明されない．シグマ 32 因子を大量発現しても，それに比例して Hsp 遺伝子の転写量が増加しないのである．さらに，42℃ から 30℃ への温度降下の際に，熱ショックプロモーターからの転写発現は著しく低下するにもかかわらず，シグマ 32 因子の濃度はそれほど変化しない．これらは，シグマ 32 因子の活性が変化することを示唆するものであるが，大腸菌の Hsp 遺伝子の転写調節はシグマ 32 因子の活性の調節によっても起こることが明らかにされている．この調節にも，DnaK/DnaJ が関与している．DnaK/DnaJ 量が増加すると，シグマ 32 因子の量と活性の両方が減少し，熱ショック応答の停止がより速くなる．反対に，これらのシャペロンが減少すると，逆の影響が見られる．前述のとおり DnaK/DnaJ は，シグマ 32 因子に直接結合するが，この相互作用により，RNA ポリメラーゼのコア酵素との結合が阻害されるのではないかと考えられる．*Agrobacterium tumefaciens* のようなバクテリアにおいては，DnaK などに仲介されたシグマ 32 因子の（量的変化ではなく）活性調節が，熱ショック応答において重要な役割を果たしていると報告されている．

DnaK シャペロン系に加えて，GroEL/GroES も熱ショック応答の調節に関

係している（3.1.2 項）。GroEL は，シグマ 32 因子と物理的に結合し，シグマ 32 因子依存の転写を減少させることが，*in vitro* の転写解析で明らかにされている。

3.1.4　熱ショックレギュロンの負のフィードバック制御機構

これまで説明してきたように，シグマ 32 因子の細胞内濃度と活性は，分子シャペロンによって負に制御されている。これに基づき，大腸菌の熱ショック応答は，以下の「**滴定（titration）**」**モデル**で説明されている。定常状態では，シグマ 32 因子の多くは DnaK/DnaJ や GroEL/GroES に結合して複合体を形成し，不活性化されると同時に，FtsH により分解されやすく不安定な状態にある（図 3.2（a））。熱ショックにより細胞の変性タンパク質が増えると，分子シャペロンはこれらと相互作用するため，分子シャペロンとシグマ 32 因子の複合体は減少し，分子シャペロンから解放されたシグマ 32 因子は RNA ポリメラーゼコア酵素と結合し，Hsp 遺伝子の転写が誘導される（図 3.2（a）の点線

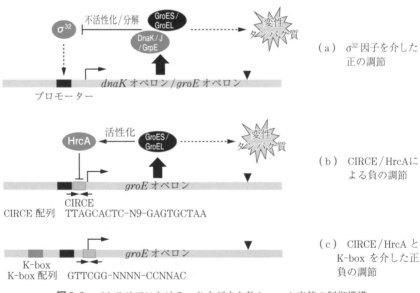

図 3.2　バクテリアにおける，さまざまな熱ショック応答の制御機構

で示した矢印)。

　分子シャペロンやプロテアーゼなどを含むHspにより変性タンパク質の修復や除去が進むと，変性タンパク質から自由になったDnaK/DnaJやGroEL/GroESなどの分子シャペロンによる（シグマ32因子の細胞内濃度と活性に対する）負の制御が回復する。このメカニズムは，変性タンパク質を修復あるいは分解するために必要なだけの分子シャペロンを「供給（滴下）」するための，熱ショック応答の負のフィードバック制御機構と考えることができる。

　上述のように，熱ショック応答は変性タンパク質の蓄積が熱ショック応答の引き金となると考えられるが，実際，不安定なタンパク質である**ルシフェラーゼ**[†]（luciferase）（分子シャペロンの基質タンパク質）を大量発現する大腸菌では，非熱ショック温度（30℃）でもシグマ32因子が増えて，熱ショック応答が誘導される。さらに，アミノ酸のアナログを添加して細胞内で異常タンパク質を発現させてもシグマ32因子が安定化し，Hspの合成が誘導される。これらの結果は，滴定モデルを支持するものである。

3.2　グラム陽性菌である枯草菌における熱ショック応答の負の調節 ─CIRCEレギュロン─

　1990年代半ばになって，通常温度における（主要）Hsp遺伝子の転写が，**リプレッサー**（repressor）により「抑制」されるという負の調節が明らかにされた。調節タンパク質であるリプレッサーが特定の塩基配列（オペレーター）に結合することによって，その支配下にある遺伝子の転写が阻害される。リプレッサーの結合により，RNAポリメラーゼのプロモーターへの結合が抑制されるのである。枯草菌などで見つけられたこの負の調節では，熱ショックによりリプレッサーの機能が失われ，Hsp遺伝子の転写が起こるようになる。この

[†]　生物発光を触媒する酸化酵素。ホタルルシフェラーゼなどが知られている。特定の遺伝子の発現量の解析，タンパク質の細胞内局在などのイメージング，ATPの検出などにも利用されている。

調節における主役はリプレッサータンパク質であり、シグマ 32 因子のようなストレス特異的なシグマ因子ではない。

このメカニズムは主に**枯草菌**（*Bacillus subtilis*）で確立された。枯草菌は、大腸菌とは異なりグラム陽性菌に分類される。なお、納豆製造に用いられる納豆菌は枯草菌の一種である。1995 年に、インフルエンザのゲノム（遺伝情報すべて）の塩基配列が微生物のゲノムとして初めて決定されてから間もなく（1997 年には）、大腸菌と枯草菌のゲノム配列が相次いで発表された。これは、枯草菌も大腸菌と同様にモデル生物として広く用いられてきたことを示すものである。

枯草菌の熱ショック応答における負の調節機構は、ドイツの Wolfgang Schumann らによって明らかにされた。彼らは、枯草菌のヘプタシストロニック *dnaK* オペロン（*orf39-dnaK-dnaJ-grpE-orf35-orf28-orf50*）と、*groES* 遺伝子と *groEL* 遺伝子からなる *groE* オペロンをクローニングし、それらの塩基配列を決定した（1992 年）。これらのオペロン（一種のプロモーターに連なる遺伝子群で、一つの転写単位）の最初の遺伝子あるいはオープンリーディングフレーム（タンパク質がコードされている可能性のある読み枠）の転写開始点上流には主要シグマ因子 SigA（大腸菌のシグマ 70 因子に相当する）に認識されるプロモーターが検出された。通常温度および熱ショック温度における転写開始点は同一であり、同一のシグマ因子が、非ストレスおよびストレス下の転写に関与することが示唆された。さらに、これら二つのオペロンのプロモーターと翻訳開始点との間（非翻訳領域）には、**CIRCE** (controlling inverted repeat of chaperone expression) と命名された完全な回文（塩基）配列（TTAGCACTC-N9-GAGTGCTAA）が存在した。この配列がプロモーター近傍に存在すること、さらに二つのオペロン間で高度に保存されていることなどから、CIRCE は熱ショック応答の調節に関与する配列であると推定された。

この仮説を検証するために枯草菌 *dnaK* オペロンの CIRCE 配列に変異を導入すると、*dnaK* オペロンは通常温度で構成的に高発現した（脱抑制された）。一方、CIRCE 配列に変異を導入しなかった *groE* オペロンの転写発現には影響

が生じなかった。これは，CIRCE がこれらのオペロンの発現を負に調節する塩基配列（オペレーター）であり，変異によって調節タンパク質（リプレッサー）が結合できなくなり，dnaK オペロンが転写されるようになったことを示唆するものであった。dnaK オペロンの最初の遺伝子（orf39）がこのリプレッサーをコードする遺伝子であることは，orf39 を欠損させることにより，dnaK オペロンと groE オペロンの両方が構成的に高発現することにより明らかにされた。このリプレッサーは，**HrcA**（<u>h</u>eat shock <u>r</u>egulation at <u>C</u>IRCE elements）と命名された。CIRCE/HrcA 系による Hsp 遺伝子の発現調節は，なにも枯草菌に限ったことではない。CIRCE 配列を有する遺伝子や HrcA ホモログは，非常に多くのバクテリアゲノムに見出されている。

　CIRCE レギュロンは，GroEL/GroES によるフィードバック調節を受けることが枯草菌や他のバクテリアにおいて示されている。GroEL の発現量が低下すると，dnaK オペロンの発現は活性化されるが，反対に GroEL を大量発現すると，dnaK オペロンの発現が抑えられる。また，HrcA をもたない大腸菌に枯草菌 dnaK オペロン（CIRCE や hrcA 遺伝子を含む）を導入すると，異種細胞であるにもかかわらず，このオペロンの熱ショック誘導が起こる。これは，CIRCE と HrcA だけで枯草菌の熱ショック応答が起こりうることを示すものであるが，（枯草菌で観察されたように）大腸菌の groEL 遺伝子発現量によって枯草菌 dnaK オペロンの発現が負に調節されることもわかった。

　GroEL は HrcA の活性をどのようにして調節するのだろうか。以下のような実験によって得られた結果に基づき，GroEL は直接（物理的に）HrcA と相互作用し，その安定性とリプレッサー活性を調節すると考えられている。枯草菌などの HrcA は凝集しやすい不安定なタンパク質で，大腸菌で大量発現すると封入体と呼ばれる不溶性の物質として細胞内に蓄積する。細胞を破砕し，不溶化した HrcA を 8 M の尿素で可溶化しても，尿素を除く（希釈する）と HrcA は凝集したが，この凝集は GroEL によって抑制された。8 M の尿素存在下で精製された HrcA は CIRCE を含む DNA 断片とほとんど結合しなかった（おそらく反応液中で尿素濃度が低下するために不溶化したものと考えられる）が，

GroEL が共存すると，この結合活性は顕著に増加した。なお，HrcA は二量体を形成することが，超好熱菌（*Thermotoga maritima*）HrcA の結晶構造解析により明らかにされている。

シグマ 32 レギュロンに比べると，CIRCE レギュロンの制御に関する研究ははるかに少ないが，つぎのような「滴定」モデル（3.1.4項）が提唱されている。定常状態では，HrcA は GroEL/GroES と結合して複合体を形成し安定化されている。そのために，活性化状態にある HrcA は CIRCE に結合し，遺伝子発現を抑制する（図3.2(b)）。熱ショックにより細胞の変性タンパク質が増えると，HrcA を安定化していた GroEL/GroES がこれらと相互作用するため，HrcA が不安定化して CIRCE から解離し（図3.2(b)の点線で示した矢印），GroEL や DnaK をコードする遺伝子（オペロン）の転写が起こるようになる，というメカニズムである。このようにして熱ショック誘導された GroEL（と GroES）は，高温で変性したタンパク質と相互作用し，天然構造への再生を助ける。変性タンパク質の多くが再生されると，GroEL は再び HrcA と相互作用して HrcA を活性化し，分子シャペロンなどの遺伝子の転写は停止する（図3.2(b)）。このように，HrcA は温度センサーのようにはたらくと考えられている。

3.3　独立栄養生物であるシアノバクテリアにおける熱ショック応答の正と負の調節 —K-box レギュロン—

さまざまなシアノバクテリアのゲノム全塩基配列が明らかにされているが，ほとんどのゲノムにはシグマ 32 因子と類似の配列をコードするオープンリーディングフレームは見つからない。これは，シアノバクテリアは大腸菌と同じグラム陰性菌に分類されるにもかかわらず，大腸菌とは異なる熱ショック応答機構をもつことを示唆するものである。しかしながら，HrcA リプレッサーのホモログをコードする遺伝子はシアノバクテリアのゲノムに存在し，CIRCE オペレーターも *groEL* 遺伝子のプロモーター周辺の領域に見出される。これ

は，シアノバクテリアにも，枯草菌などで明らかにされた CIRCE/HrcA レギュロンが存在することを示すものである．筆者らはこれを実証するために，単細胞性のシアノバクテリアである Synechocystis sp. PCC6803 の HrcA をコードする遺伝子を破壊した．通常培養（非熱ショック）条件下における，hrcA 変異株の groEL 転写産物や GroEL タンパク質は増加した．これは，HrcA による groEL 遺伝子の転写抑制が解除（脱抑制）されたために起こったものと考えられ，枯草菌やダイズ根粒菌（Bradyrhizobium japonicum）などの hrcA 変異株で得られた結果と類似していた．ところが予期に反して，熱ショックにより groEL の mRNA はさらに増加したのである．これは，HrcA/CIRCE に制御される負の調節機構とは異なる機構も存在することを示唆するものであった．この調節機構はいかなるものであろうか．

シアノバクテリアは植物と同じ「酸素発生型」光合成を行う独立栄養生物である．われわれの研究や László Vígh らの先行研究により，光合成（電子伝達）がシアノバクテリアの熱ショック応答と関係していることが示唆されていた．熱ショックによる groEL の発現誘導は，暗処理や光合成電子伝達系の阻害剤である DCMU（3-(3,4-dichlorophenyl)-1,1-dimethylurea，除草剤の一種）によって阻害されたのである．これは，シアノバクテリアの熱ショック応答は，光合成を行わない大腸菌や枯草菌のそれとはまったく異なることを示すものである．上記の hrcA 変異株を暗所下におくと，細胞における groEL の mRNA 蓄積量が減少し，光照射すると増加した．groEL の転写速度は，強光下では弱光下に比べて顕著に速くなり，多量の groEL の mRNA が蓄積した．この光に依存した転写促進は，DCMU によって阻害された．これらの結果は，HrcA が関与しない，光合成電子伝達に依存する，新規な「正」の groEL 転写調節機構が存在することを示唆するものであった．われわれは，この調節に関与する新奇な DNA エレメントを同定し，これを **K-box** と命名した．K-box は，groEL プロモーターや CIRCE のさらに 5′ 側上流領域に位置しており（図 3.2(c)），転写そのものに必須のエレメントで，これを除くと，光照射や熱ショックの有無にかかわらず groEL の転写はほとんど起こらない．CIRCE オ

ペレーター配列は，枯草菌とは異なりシアノバクテリアの *dnaK* 遺伝子のプロモーター周辺の領域には見出されないが，この K-box は存在することがわかった。以上のことから，K-box はシアノバクテリアの熱ショック応答の正の調節に関与する DNA エレメントであると考えている。なお，K-box に結合するタンパク質（転写因子）は見つかっていない。

　光強度や光合成電子伝達は，K-box を介して主要な分子シャペロン（GroEL や DnaK）の発現を調節すると考えられるが，このような調節機構は光合成生物にとっては特に重要である。光合成機能が（強）光照射下で低下する現象，すなわち**光阻害**（photoinhibition）は，炭酸固定などによるエネルギー消費を上回る過剰な光エネルギーが，（クロロフィルなどを介して）光合成電子伝達系に供給されたときに生じる，と考えられている。このような条件では，電子伝達系は過還元状態となるため活性酸素が生じ，光合成に関わるタンパク質な

　筆者はもともと光合成の研究を行っていたが，学生がシアノバクテリアの *groEL* 遺伝子を「意図せずに」クローニングしたことから，分子シャペロンに目が向けられ，研究を始めることになった。研究開始後しばらくして，テキサス A&M 大学（当時）の Susan Golden 教授を訪問し，この *groEL* に関する研究紹介をした。そのときに，Hsp の発現調節機構は大腸菌ですでに明らかにされているではないかと，教授から指摘された。Golden 教授は，当時すでに，シアノバクテリアの分子遺伝学研究を先導する第一人者であったが，彼女の指摘にもかかわらず筆者はシアノバクテリアの分子シャペロンの研究を継続してきた。いまから振り返れば，これでよかったと思っている。大腸菌のシグマ 32 因子による正の調節とはまったく異なる，負の調節を明らかにした Schumann 教授も，枯草菌の *groE* や *dnaK* オペロンの研究を始めたころ，同じような忠告あるいは批判をされたと聞いた。教授らが明らかにした CIRCE/HrcA 系は枯草菌のみならず非常に多様なバクテリアに存在する Hsp 発現調節機構であることがわかり，さらに CIRCE/HrcA 系とは異なる負の調節機構（例えば，*Streptomyces albus* の RheA や *Streptomyces coelicolor* の HspR リプレッサーを介するもの）もつぎつぎに見つけられてきた。バクテリアにおける，このような「負」の Hsp 発現調節機構の普遍性と多様性を考えると，Schumann 教授も筆者と同様の思いをもっているのではないかと想像する。

どが酸化・損傷を受ける。高温下で，例えばルビスコの活性が低下すると，光合成によるNADPHやATPの消費が抑制されるため，光阻害が生じやすくなると考えられる。ルビスコ以外の酵素も熱失活し，エネルギー消費が滞るものと予想される。われわれは，高温下におけるシアノバクテリアの生存率を明所と暗所で比較したが，弱光であっても暗所に比べると，生存率は約10分の1にまで減少した。すなわち，高温下の致死性は，光照射下に置かれることにより顕著に高まると考えられる。高温かつ明所下におけるタンパク質の変性が細胞死の主たる原因であるとするならば，それを避け緩和するために（暗所に比べてより）多量の分子シャペロンが必要とされる。このような理由から，独立栄養生物のシアノバクテリアは，光強度あるいは光合成電子伝達に応じた熱ショック応答の調節を必要としたものと推察される。

3.4 真核細胞における熱ショック応答の調節

　真核細胞[†]における分子シャペロン遺伝子の転写を制御するのが，**熱ショック転写因子**（heat shock factor, **HSF**）である。酵母や線虫では1種類のHSF，脊椎動物細胞には4種類が存在する。その中で，哺乳類細胞の熱ショック応答に関与するものがHSF1で，このマスターレギュレーターが分子シャペロンなどのHspをコードする遺伝子の転写を調節する。HSF1遺伝子改変マウス（*hsf1*$^{-/-}$）においては，さまざまなHsp/分子シャペロンタンパク質の熱ショック誘導がまったく起こらなかったことから，他のHSFは，HSF1のこの機能を代替できないことがわかる。なお，ニワトリ細胞ではHSF3が熱ストレスによるHspの誘導を担うと報告されている。HSFは，熱のみならず酸化ストレスや細菌・ウイルス感染時のストレス応答にも関与する。

　酵母のHSFは必須であることから示唆されるように，（HSF群は）非ストレス下でも重要なはたらきをし，発生，老化・寿命，さらにはがんの発生・進展

　[†]　真核生物がもつ細胞で，核膜で囲まれた明確な核をもつ細胞。真核生物については2.3節の脚注を参照。

などの，さまざまな生理機能に関係する遺伝子の転写制御に関与する。HSF群による遺伝子発現調節の破綻(はたん)は，神経変性疾患をも引き起こす。マウスのHSF1は必須ではないが，これが欠損すると発育不全が見られ，漿尿膜胎盤(しょうにょうまく)の異常，雌の不妊，腫瘍壊死因子生成異常などの表現型[†1]を示す。なお，植物には非常に多くのHSF（をコードする遺伝子）が存在する。例えば，シロイヌナズナでは，ゲノム解析から21種類のHSF遺伝子が同定されている。これらのHSFは三つのクラスに分類され，クラスAには15種類，クラスBには5種類，クラスCには1種類のHSFが属する。ダイズでは，三つのクラスに分類される52種類のHSFをコードする遺伝子が同定されている。シロイヌナズナのHSFの中で，熱ショックで最も顕著に発現誘導されるのが，クラスAに属するHSFA2（HsfA2）である。HsfA2の発現は，高温のみならず，塩や浸透圧などのストレスでも誘導される。HsfA2過剰発現株や**ノックアウト株**[†2]などの変異株を用いた解析により，HsfA2がさまざまなHsp/分子シャペロンをコードする遺伝子の転写調節を司り，植物の高温，塩，酸化ストレスなどの耐性に関与することが明らかにされている。なお，HsfA1（HsfA1a，HsfA1b，HsfA1d）がマスターレギュレーターとしてはたらき，HsfA2などの高温ストレス応答性遺伝子の発現誘導を引き起こす（Kazuko Yamaguchi-Shinozaki, Kazuo Shinozaki, Yee-Yung Charngら，2011年）。これら複数種のHsfA1間には，機能的重複が見られる。以下では，酵母や動物のHSF1の構造や機能などに関して述べる。

3.4.1 HSF1 の 構 造

HSF1は，一般的に〜560個のアミノ酸からなるが，サイズのもっと大きなものも存在し，ショウジョウバエと線虫のHSFは，それぞれ691個と671個のアミノ酸からなり，出芽酵母（*Saccharomyces cerevisiae*）のそれは833個

[†1] 遺伝子のはたらきの結果つくられる生物の形質。形態や生理的性質などとして示される。
[†2] ある遺伝子の機能の発現を欠損させた株。

からなる。HSF1 の構造を特徴づけるのは，N 末側の**ヘリックスターンヘリックス**（**HTH**）モチーフ[†]（motif）を有する **DNA 結合ドメイン**（DNA binding domain，**DBD**）と，それに隣接する 7 個のアミノ酸からなる配列が繰り返す疎水性の領域（heptad repeat A and B，**HR-A/B**）である（**図 3.3**）。

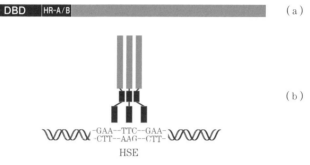

図 3.3　HSF1 の簡略化した一次構造(a) と 3 量体 HSF1 の HSE への結合(b)

　一般的に，二つの α ヘリックスが **β ターン**（β-turn，二次構造の間でペプチド主鎖の進む方向を大きく変化させるアミノ酸数残基からなる局所構造）により連結されて形成されるヘリックスターンヘリックスは，DNA と直接結合し，転写調節に関与する。HR-A/B は，**ロイシンジッパーコイルドコイル三量体化ドメイン**（leucine zipper coiled-coil trimerization domain）として機能すると考えられている。すなわち，3 個の HSF1 の HR-A/B が疎水性相互作用して（超らせん構造のねじれである coiled-coil をつくり），HSF1 の三量体が形成されるというわけである。なお，ロイシンジッパーにおいては，ロイシン（アミノ酸の一種）が 7 個のアミノ酸ごとに繰り返して存在するため，α ヘリックスの 2 回転ごとに（α ヘリックスによって形成される）円筒の同一側面にロイシンが並ぶ（4.3 節）。一般的に，このような α ヘリックスが 2 本並列すると，側面に整列したロイシン残基どうしが疎水性相互作用により（たがいに

---

† さまざまなタンパク質のアミノ酸配列中に認められる短い配列あるいは小さい構造部分。アミノ酸配列が特徴的なパターンをもつロイシンジッパーモチーフ（配列モチーフ）や，上記の一定の構造をもつヘリックスターンヘリックスモチーフ（構造モチーフ）などが知られている。

ジッパーのように組み合わさり)，二量体が形成される。このようにロイシンジッパーを有する多くの転写因子が二量体としてDNAと結合するのに対して，HSF1は三量体で結合する。DBDとHR-A/Bに加えて，さまざまな**翻訳後修飾**[†]を受ける調節ドメイン（regulatory domain, RD），HR-C領域，C末端トランス活性化（C-terminal transactivation, CTA）ドメインなどからHSF1は構成されている。HSF1の三量体形成は，7個のアミノ酸の繰返し配列からなる疎水性の領域であるHR-Cが，HR-A/Bと分子内相互作用することで阻害される。この相互作用はストレス下で消失し，HSF1は三量体化してDNA結合活性をもつようになる。C末端トランス活性化ドメインは，タンパク質-タンパク質相互作用を介して転写を活性化する。調節ドメインについては後述する（3.4.3項）。

3.4.2 HSF1のDNAへの結合

HSF1は，Hspをコードする遺伝子の，**熱ショックエレメント**（heat shock element, **HSE**）と呼ばれる転写調節配列に結合する。HSEは，GAAを中心にした5塩基の配列，すなわちnGAAn（nは塩基の種を問わないという意味）が頭と頭または尻尾と尻尾で並んだ（逆方向）反復配列である。典型的なHSEは，3個あるいはそれ以上の5塩基配列が隣接した，例えばnTTCnnGAAnnTTCnのような塩基配列を有する（図3.3）。HSEに転写調節因子であるHSF1が結合し，基本転写因子群とRNAポリメラーゼに，転写反応開始を促す。三量体のHSF1における各DBDは（少なくとも）一つのnGAAn配列を認識する。

3.4.3 HSF1の活性調節機構

上記のようにHSF1は単量体では不活性であるが，三量体化してDNA結合能をもつようになる。HSF1は構成的に発現しているが，その活性は，他のタンパク質との相互作用や翻訳後修飾（後述）により複雑に調節されている。

[†] 翻訳（生合成）後，タンパク質がリン酸化，アセチル化，メチル化，糖鎖付加などを受けること。

3.4 真核細胞における熱ショック応答の調節

ストレスのないときには，HSF1 は Hsp90 と結合して不活性な状態に保たれている。実際，Hsp90 の機能を（阻害剤で）妨げると，細胞の HSF1 は三量体化して活性化する。細胞が高温などのストレスに曝されると，Hsp90 は変性タンパク質と相互作用するようになるので，HSF1 はこれから解放されて三量体を形成し，核へ移行し，HSE をもつ Hsp 遺伝子の転写を促進する。なお，Hsp90-FKBP52-p23 複合体は三量体化した HSF1 と相互作用するという報告もある。Hsp70/Hsp40 も HSF1 と相互作用して（負の）機能調節に関与する。活性化した HSF1 を介して発現誘導された Hsp/分子シャペロンが細胞に蓄積し，タンパク質恒常性などが回復すると，変性タンパク質が減少するため，（変性タンパク質から解放された）Hsp90 や Hsp70 が HSF1 と再び結合し，それを不活性化すると考えられている。このような負のフィードバック制御によって適切な量の Hsp/分子シャペロンがつくられるわけである。Hsp/分子シャペロンは，細胞のタンパク質の品質管理の検知器のようなはたらきをし，HSF1 のはたらきを調節し，自らの発現を制御しているといえる。このように，シグマ 32 レギュロン（3.1.4 項）や CIRCE レギュロン（3.2 節）の調節機構を説明するために用いられた分子シャペロンを介した滴定モデルが，HSF1 の調節機構にも適用できることがわかる。

哺乳類細胞などの HSF1 には多くのリン酸化部位が存在する。HSF1 の各ドメインあるいは領域の中で，前述の RD は特に多くのリン酸化部位を有する。RD は調節ドメインと呼ばれるが，これが欠損すると非ストレス条件でも HSF1 は転写活性をもつようになる。RD のほとんどの部位のリン酸化は，HSF1 の転写活性の抑制に関係している。しかし，二つのセリン[†]残基，すなわち S230 と S326 のリン酸化は例外的で，これらは HSF1 の活性化に必須であることがわかっている。

S303 がリン酸化されると，K298 が **SUMO 化**（sumoylation, SUMO と呼ばれる，ユビキチンと構造的に高い相同性をもつタンパク質による標的タンパク

[†] アミノ酸の一つで，側鎖にヒドロキシメチル基（-CH$_2$OH）をもつ。一文字表記は 'S'。

質の修飾）され，HSF1 の活性化が阻害される。リン酸化，SUMO 化に加え，HSF1 はアセチル化される。ヒト HSF1 では 9 箇所のアセチル化部位が知られている。DBD に存在する K80 がアセチル化されると，HSF1 は転写活性を失う。一方，脱アセチル化酵素である Sirtuin1（「長寿遺伝子産物」サーチュイン 1，SIRT1）によって，HSF1 の活性化状態が長く維持される。これは，SIRT1 による寿命延長に HSF1 が関与することを示唆するものである。また，神経変性難病 ALS（筋萎縮性側索硬化症）モデルマウスを用いた実験によって，SIRT1 を介した分子シャペロン Hsp70 の誘導が，ALS の原因となる変異型 SOD1 タンパク質の分解を促し，延命効果をもたらすという報告もある。

　がん細胞において，HSF1 は構成的に活性化しており，Hsp90，Hsp70，低分子量 Hsp などの分子シャペロンが高発現している。これは，がん細胞がストレスを受けていることを示唆しているが，実際，低酸素，低栄養，酸性化などのストレス条件下に置かれている。さらに，ゲノムの異常，遺伝子変異（による不安定なタンパク質の生成）や高翻訳活性なども，がん細胞における**タンパク質毒性ストレス**（proteotoxic stress）を引き起こす。がん細胞は，正常細胞よりも分子シャペロンに強く依存しているため，がん細胞はシャペロン「中毒（addiction）症状」を示すと学術論文で述べられることもある。このようなことを背景にして，HSF1 をがん治療の標的とした研究が行われている。実際，HSF1 ノックアウトマウスでは，がんの発生などが抑制されるという報告がある。HSF1 を標的とした阻害剤の探索・開発が行われていて，KRIBB11（N^2-(1H-indazole-5-yl)-N^6-methyl-3-nitropyridine-2,6-diamine）などの化合物が報告されている。

3.5 高温の感知とタンパク質の安定性

　熱ショック応答は種を超えて普遍的に見られる現象といえる。種々の生物の「通常の」生育温度は 10℃以下～100℃超と非常に異なるにもかかわらず，類似の熱ショック応答が観察されている。熱ショックあるいは温度上昇を生物は

3.5 高温の感知とタンパク質の安定性

どのように感知するのだろうか。すでに述べたように，シグマ因子 σ^{32} の活性や量は，変性タンパク質と相互作用していない（フリーの）分子シャペロンの量によって調節される（3.1.4項）。HSF1の活性調節にも，分子シャペロンが同様に関与する（3.4.3項）。これらは，原核生物および真核生物のHsp/分子シャペロン遺伝子の転写調節には，変性タンパク質と分子シャペロンの量的バランスが反映されていることを示している。同様のメカニズムが**小胞体ストレス反応**（unfolded protein response, **UPR**）にも存在する。この反応において，センサーあるいは受容体として機能するPERK, ATF6, IRE1の活性は，Hsp70ホモログであるGrp78あるいはBiP（8.1節）が結合すると抑制される。ストレスが生じて正しく折りたたまれないタンパク質（unfolded proteins）が増えると，これらのセンサーからGrp78が解離して，分子シャペロン発現誘導などのUPRが活性化される。なお，本書ではUPRについて詳しく述べることはしないが，UPRは糖尿病，虚血性疾患，神経変性疾患などの多くの疾患に関与すると報告されている。その研究の重要性は，UPR機構解明において多大な貢献をしたKazutoshi MoriとPeter Walterが，2014年のAlbert Lasker Basic Medical Research Awardを受賞したことによって象徴される。

　前述のように，タンパク質の変性が高温感知に関与していると考えられる。生物の「通常」生育温度は，その生物が置かれた環境・生息場所によって著しく異なるが，どのような生育温度であっても，熱ショックによってタンパク質は変性するのだろうか。生育温度とその生物のタンパク質の温度耐性は関係していると考えられている。例えば，（一般に）超好熱菌由来酵素/タンパク質は中温菌由来のそれよりも高い耐熱性を示す。また，好冷性細菌の酵素の多くは，比較的熱安定性が低いという。（少なくとも酵素などの）タンパク質がはたらくためには，その構造的柔軟性が重要であり，（十分な柔軟性を維持できるように）多くのタンパク質は，それらが存在する細胞・生物が生息する温度において，ほんの少しだけ安定であるように進化的に最適化されているという。そのために，温度がわずかでも上昇すると，これらのタンパク質は変性の危険に曝される。生育温度にかかわらず，高温で最も損傷を受けやすい生体物

質がタンパク質であるとすると，変性タンパク質が分子シャペロンによる「処理量」を超えて蓄積すると，熱ショック応答が迅速に引き起こされて，分子シャペロンが「補充され」細胞や生体を守るということは理にかなっている。さらに，タンパク質の損傷や変性を引き起こす高温以外の因子（例えば，アミノ酸の類似物質，酸化剤やエタノールなど）でも Hsp/分子シャペロンの発現誘導が起こることは，変性タンパク質の蓄積が熱ショック応答を引き起こす要因であることを強く支持する。

なお，変性タンパク質と分子シャペロンの量的バランス以外にも，熱ショック転写因子 σ^{32} の mRNA（3.1.2 項〔1〕）のように RNA 自身が温度センサーとしてはたらく場合もある。また，タンパク質分子自身が温度を感知して遺伝子発現調節に寄与することもある。例えば，熱ショックで HSF1 は自発的に活性化（三量体化）するというのがそれに相当する。さらに，*Streptomyces albus* の sHsp の転写発現を調節する RheA リプレッサーは，高温下で（可逆的に構造変化を起こし）不活性化することが明らかにされている（Pascale Servant ら，2000 年）。なお，分子シャペロン自身が温度を感知することがある。例えば，sHsp オリゴマーは高温で解離して活性化する（11.4 節）。

タンパク質の形が壊れ（変性し）凝集すると，その機能が不可逆的に失われてしまう。タンパク質の変性・凝集は，細胞におけるタンパク質の品質管理に大きな影響を与える。つぎの章では，タンパク質の形と変性について述べる。

4 タンパク質の形と折りたたみ

　タンパク質は，それぞれに決まった形をとり機能する。タンパク質の形あるいは立体構造が変化すると機能が失われる（変性する）。一般的に，天然のタンパク質はエネルギー的に最も安定な構造をしているが，その安定性は「ギリギリの安定性」と呼ばれるもので，熱やpHなどのわずかな変化によってタンパク質は変性し，変性タンパク質どうしが集合（凝集）し不溶化することがある。タンパク質はそのアミノ酸配列に決められた立体構造を自発的に形成するが，巨大分子における各原子の適切な空間配置の実現は非常に難しいと想像される。タンパク質が高濃度で存在する細胞の中で，他のタンパク質との不適切な相互作用を避けて，限られた時間の中で天然の高次構造をとることはさらに難しい。

4.1　タンパク質の形と機能

　細胞の約70%は水であるが，水を除く構成成分の半分を占めるのがタンパク質であり，最も主要な生体物質である（**図4.1**）。タンパク質は，生物にとって必須の構成成分であり，細胞のほとんどの営みがタンパク質を必要とする。タンパク質は細胞に形や構造を与えるとともに，細胞の多様な機能を担っている。

　真核細胞のサイトゾルに縦横に張り巡らされた構造体である**細胞骨格**はタンパク質であり，アクチンフィラメント，微小管，ビメンチンやデスミンなどからなる中間径**フィラメント**[†]（filament）によって構成される。細胞が一定の形を保ち，さまざまな運動をすることができるのは，細胞骨格のおかげであ

[†] 線維状あるいは糸状の構造。中間径フィラメントは，枝分かれのない直径10 nmの線維状構造をもつ。

44   4. タンパク質の形と折りたたみ

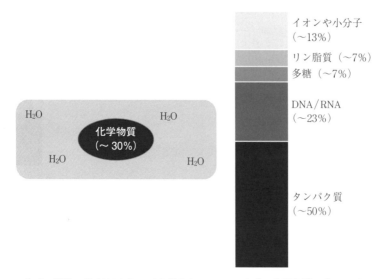

（a）細胞の約30％をタンパク質などの　（b）化学物質の約50％が
　　化学物質が占める　　　　　　　　　　　タンパク質である

図 4.1 タンパク質は細胞（生物体）の主要構成成分である

る。アクチンフィラメントは，球状のアクチン（5.4節）が線維状に集合したもので，これにミオシンフィラメント（ミオシンが重合したもの）が相互作用して，筋収縮や原形質流動などの細胞の運動が起こる。微小管は，チューブリン（tubulin, https://pdbj.org/mom/175）という球状のタンパク質が管状に集合したものである。微小管は，べん毛や繊毛の運動や細胞小器官の細胞内輸送に関係している。細胞骨格の遺伝子変異と関連するさまざまな疾患が知られている。

　日常でよく耳にするコラーゲンは，動物体内のタンパク質の〜30％を占める最も大量に存在するタンパク質であり，皮膚，目，筋肉，内臓，骨，腱，血管壁などの至る所に見出される。細胞外に分泌されるタンパク質で，細胞外マトリックス[†]（extracellular matrix）あるいは細胞と細胞の隙間に存在する。コラーゲンは線維状タンパク質で，長くて剛直な三重らせん構造を形成する。三

[†] ECM と略される。細胞が合成し，細胞外に分泌・蓄積した，動物組織中の細胞の外側に存在する線維状あるいは網目状の構造物。細胞外マトリックスの主要成分はコラーゲンであるが，それ以外にプロテオグリカン，フィブロネクチンやラミニンのような細胞接着性タンパク質，エラスチンなどのさまざまなタンパク質が含まれる。

本鎖のコラーゲン分子が巻き合って超らせん構造を形成し、これがさらに集合してコラーゲン（原）線維をつくる。コラーゲンの最も基本的な機能は生体組織の骨格構造の形成にある。

機能性タンパク質[†1]（functional protein）の代表は酵素である。生体内での物質代謝をはじめとする多様な化学反応を触媒するのが酵素であり、酵素がないとわれわれは生きていけない。酵素のはたらきなしでは、食物を消化することも、手足を動かしたり、考えたりすることもできないのである。酵素の重要性は、たった一つの酵素の変異でもヒトに大きな障害を起こすことから想像できる。遺伝性アミノ酸代謝異常症の一つであるフェニルケトン尿症（phenylketonuria）は、肝臓のフェニルアラニン 4-モノオキシゲナーゼ（フェニルアラニン 4-ヒドロキシラーゼ）をコードする遺伝子の変異により引き起こされる。この酵素は、フェニルアラニン[†2]に酸素を 1 原子付加して（あるいはヒドロキシ基を付加して）チロシン[†2]を合成する酵素であるが、この酵素に異常が生じると、フェニルアラニンが血中に異常蓄積し、放置すれば知的障害、色素の欠乏などの症状が現れる。このフェニルアラニン 4-モノオキシゲナーゼは、球状のタンパク質（サブユニット）が 4 個集まってできている（https://pdbj.org/mom/61）。フェニルケトン尿症以外にも、メープルシロップ尿症などのアミノ酸代謝の酵素欠陥症も知られている。

タンパク質は、多数のアミノ酸がペプチド[†3]（peptide）結合でつながった巨大な分子である（**図 4.2**）。タンパク質を構成するアミノ酸は 20 種類あり、アミノ酸の組成やその配列順序によって異なるタンパク質ができる。**アミノ酸配列**は、タンパク質の最も基本的な構造であり、**一次構造**と呼ばれる。例えば 100 個のアミノ酸からなるポリペプチド[†3]（polypeptide）の場合、$20^{100} \approx 10^{130}$

[†1] コラーゲンのような腱や軟骨などの組織構造を維持するための構造タンパク質に対して、酵素などのタンパク質を機能性タンパク質と呼ぶことがある。
[†2] （L 型の）フェニルアラニンやチロシンは、タンパク質を構成するアミノ酸。
[†3] 2 個以上のアミノ酸がペプチド結合（アミド結合）した分子をペプチドと呼び、特に多数のアミノ酸がつながったものはポリペプチドという。

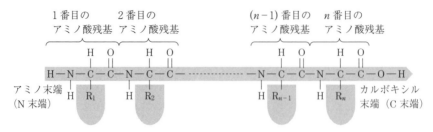

図 4.2 タンパク質の一次構造（主鎖を太い矢印形で，側鎖（R）を半楕円形で覆ってある）

通りの一次構造が可能である．後述（4.5 節）するように，一次構造によって立体構造が決まると考えられているので，立体構造も多様であると予想される．実際，タンパク質の構造は，コラーゲンのような線維状のものもあれば，水溶性タンパク質に見られる球状のものもあり，形も大きさも性質も実に多様である．それぞれのタンパク質がもつ特有の形あるいは立体構造は，それらの機能にとって重要である．

4.2 タンパク質の変性・凝集

タンパク質の一次構造は非常に強靭である．一次構造を破壊する，すなわち，タンパク質を構成するアミノ酸残基間のペプチド結合を切断（加水分解）し遊離アミノ酸にするには，例えば，強酸，高温（110℃）下で〜24 時間も処理する必要がある．もちろん，われわれの体の中では，タンパク質は容易に分解されているが，それは酵素のおかげである．なお後述するように，タンパク質の分解にも分子シャペロンが関与している．

　一次構造とは対照的にタンパク質の高次構造（立体構造）は不安定で，高温や極端な pH などの条件や尿素やグアニジン塩酸などの変性剤の存在下では，それらは容易に破壊される．タンパク質の形が壊れるのである．正しい高次構造がとれないとどうなるのだろうか？　身近なタンパク質の代表として，生卵の白身を例として考えてみよう（ゆで卵は，タンパク質の変性を説明する際にしばしば用いられる）．ニワトリの卵白中のタンパク質の〜75％は，分子量

45 000のオボアルブミン（ovalbumin，卵白アルブミン）で占められる．生卵をゆでると，卵に含まれるオボアルブミンなどのタンパク質の立体構造が壊れ，凝集し，溶解度が減少する．タンパク質が変性すると，天然状態では内部に埋もれている疎水性の側鎖が溶媒（水）と接触するようになる．疎水性の部分は水を嫌ってたがいに相互作用するため，変性タンパク質どうしが集合して凝集する．タンパク質の変性・凝集によって，生卵では透き通ってどろっとした液状だった白身が，その性状を一変し，固化して不透明でかたくなる．このように変性とは，タンパク質が細胞内でとっている構造が，種々の原因（加熱，凍結，極端な酸・アルカリ性，有機溶媒，界面活性剤など）により一次構造は変化せずに高次構造のみが破壊され，物性が変化することをいう．

卵の中にはさまざまなタンパク質や非タンパク質成分が含まれているが，純粋なタンパク質を熱しても変性・凝集が観察される．図4.3は，ブタ心臓ミトコンドリア由来のリンゴ酸脱水素酵素（MDH）を40℃に熱して，タンパク質の凝集（塊）形成に伴う「見かけ」の吸光度（光散乱強度あるいは濁度）の経時的変化を測定したものである．この実験では，このタンパク質による吸収が検出されない360 nmにおける見かけの吸光度を測定した．したがって，吸光度の

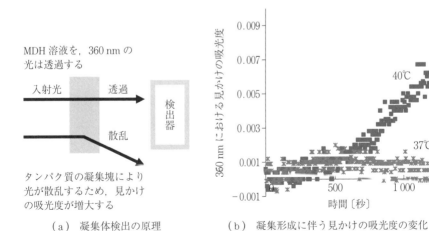

(a) 凝集体検出の原理　　　(b) 凝集形成に伴う見かけの吸光度の変化

図4.3 ブタ心臓ミトコンドリア由来リンゴ酸脱水素酵素（MDH）の凝集体検出の原理と凝集形成に伴う見かけの吸光度変化

上昇は凝集体形成による光散乱強度の増大によるものと考えられる。図に示すように，この条件・方法では，MDH の凝集は 37℃ では検出されなかったが，わずか数度の温度上昇（40℃）で濁度の増大が観察された。ブタの体温が〜39℃ とするならば，MDH は本来非常に不安定なものであることがわかる。ゆで卵を調理するときのように，非常に高い温度で処理をしなくても，わずかな温度上昇で変性するタンパク質は存在するのである。これらの結果は，単離・精製された酵素を用いた *in vitro* の実験で得られたものであるが，細胞の中には分子シャペロンなどのストレス防御因子が共存し，タンパク質の変性を防ぐ。

4.3 凝集しやすいタンパク質

果たして，どのタンパク質も，「生理学的な高温で」上記の MDH のように不安定で，凝集しやすいのだろうか。もし，特定のタンパク質が不安定であるならば，それらのタンパク質に構造上の特徴があるのだろうか。Hideki Taguchi ら（2009 年）は，無細胞翻訳系（PURE システム）を用いて，大腸菌全タンパク質の約 7 割に当たる 3 173 種のタンパク質の一つ一つを *in vitro* で合成し（反応温度は 37℃），（遠心分離することによって）可溶性のものと凝集しやすいものとに大別した。分子量が小さいものや等電点が低い（5〜7）ものは溶けやすかったが，半数以上のタンパク質が凝集しやすいグループに含まれた。さらに，構造上の違いも凝集性に影響し，例えば，以下に説明する**チオレドキシンフォールド**（thioredoxin fold）をもつものは溶けやすいのに対して，**TIM バレル**（図 4.4）を含むタンパク質は凝集しやすいことがわかった。これらの構造は共に α ヘリックスと β シートからなるが，似て非なるものである。

チオレドキシンフォールドは，タンパク質の**ジスルフィド結合**[†]（disulfide bond）の形成や，その異性化を触媒する酵素に存在する構造である。この名

[†] **S-S 結合**，**ジスルフィド架橋**ともいう。タンパク質に含まれる二つのシステイン側鎖（-CH_2-SH）の SH 基が酸化されることにより形成される共有結合。分子内 S-S 結合と分子間 S-S 結合に大別される。

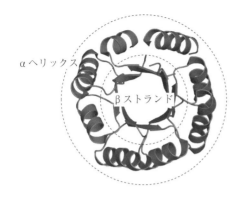

最初のβストランド（矢印）とαヘリックス（リボン）をラベルした。内側の円（点線）にβストランドが、外側の円と内側の円の間にはαヘリックスが存在する

図 4.4 TIM バレル構造

前の由来になった**チオレドキシン**（thioredoxin）は，さまざまなタンパク質のジスルフィド結合の酸化還元を介して，それらの機能を調節するタンパク質で，分子量は 10 000～13 000 である。チオレドキシンフォールドにおいては，αヘリックスとβシートを構成するβストランドが，（N 末端から）β-α-β-α-β-β-α の順で出現する。4 本のβストランドでβシートが形成され，それを囲むようにαヘリックスが配置される。TIM バレルのような樽状構造を形成するわけではない。TIM バレルは，**トリオースリン酸イソメラーゼ**（triosephosphate isomerase，**TIM**）などのタンパク質に見られるタンパク質基本構造の一つである。8 本のβストランドとαヘリックスが，β-α-β-α-β-α-β-α-β-α-β-α-β-α のように交互に組み合わさり，樽（barrel）状の構造を形成する。樽構造の内側はβシートからなり，αヘリックスがその外側に配置される（図 4.4）。前述の MDH もαヘリックスとβシートからなる構造をもち，2 本の同一のポリペプチド鎖から構成される。

ここで，タンパク質の**二次構造**を簡単に説明しておこう。三次構造はつぎの 4.4 節で述べる。機能的なタンパク質の（アミノ酸が多数つながった）**ポリペプチド鎖**は，ひも状で自由な形をとっているのではなく，αヘリックスとβシート，さらには**ターン**や**ループ**と呼ばれる二次構造を形成する。二次構造はポリペプチドの**主鎖**（骨組をなす部分，図 4.2 参照）がもつ特徴的な水素結合

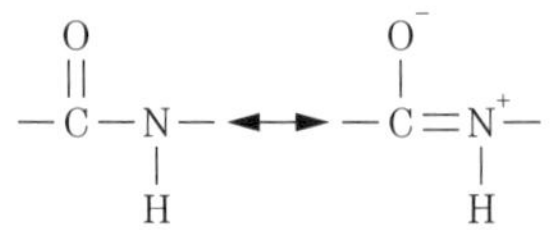

図 4.5 ペプチド結合は二重結合性を有しており，二つの構造の間で共鳴している（カルボニルの酸素原子が負に，アミドの窒素原子が正に部分的に荷電している）

パターンによって形成される[†]。この水素結合は，主鎖のペプチド結合の酸素原子と窒素原子が部分的に荷電するために生じる（**図 4.5**）。

αヘリックスは，右巻きのらせん状構造で，らせん一巻きの中にアミノ酸残基が 3.6 個含まれる。この構造は，アミノ酸残基の（ペプチド結合に関与する）-CO 基と，その 4 残基先にあるアミノ酸残基の-NH 基が規則的に水素結合をつくるためにできる。**βシート**は，「伸びた」状態のタンパク質主鎖部分（**βストランド構造**）が 2 本以上並んで，水素結合で連結されることにより形成される。αヘリックスのように近接するアミノ酸残基どうしではなく，（一般的に）ポリペプチド鎖上で離れたアミノ酸残基どうしが水素結合して，平面的なβシート構造を形成する。各アミノ酸の側鎖は，シート構造の上下に突き出ている。αヘリックスは「円筒状」の構造であると見なせるが，この円筒の（内側ではなく）外側に，各アミノ酸の側鎖が突き出る。立体構造においては，これらの側鎖の（正しい）空間配置と側鎖間の相互作用が重要になる。

4.4 タンパク質の折りたたみは容易ではない

水溶性タンパク質は，コンパクトに（密に）折りたたまれた特別な形をしている。タンパク質の構造を原子レベルで見ると，一般的には，「隙間なく」原子で詰まっているのである。細胞の中では，〜70％（質量比）を水が占め，多くの水溶性タンパク質が存在している（図 4.1）。タンパク質の内部には水がほとんど存在せず，たとえ内部に水分子が存在しても，これらの水はそのタンパク質の一部として存在し，その機能や構造形成などに関係しているようであ

[†] 二次構造は主鎖が形成し，三次構造においては側鎖（の空間配置など）が重要な役割を果たす。

る。タンパク質の内部は，一般的にイソロイシンやバリンのような疎水性のアミノ酸で隙間なく埋まっている。これらのアミノ酸の間にはたらく疎水的相互作用はタンパク質の構造を安定化するために重要であると考えられている。

　ミオグロビンのX線結晶構造解析を行い，初めてタンパク質の立体（三次）構造を明らかにしたJohn Kendrewは，その数年前に決定されたDNAの「美しい」二重らせん構造と比べて，タンパク質の構造はなんと複雑で，対称性がなく，規則性も見られないのだろう，と嘆じたそうである。その一方で，Kendrewはタンパク質の内部に存在するアミノ酸のほとんどが疎水性の側鎖を有していることに注目した。すなわち，ミオグロビンのような水溶性の球状タンパク質の内部は，水素結合や静電作用をしない，非極性（疎水性）のアミノ酸側鎖で充填されている。一方，その表面には極性（親水性）のアミノ酸側鎖が多く分布しているのである。この**疎水性コア**[†]（hydrophobic core）は，側鎖が高密度で充填されて形成される。異なる形・構造をした側鎖のきわめて多くの組合せの中から最も安定なものが選択され，密に充填された構造を実現するものと考えられる。これらの側鎖は（遊離のアミノ酸のそれのように）単独で存在しているわけではなく，ヒモ状の主鎖に結合している（図4.2）ために，側鎖と主鎖を最密に充填するのは，「三次元」ジグソーパズルを解くようなものであり非常に難しい。これを，二次構造を壊さないで行わねばならない。主鎖は極性をもち，したがって親水的である。水素結合のプロトン供与体となりうる-NH基と，その受容体となりうる-CO基が，主鎖のペプチド結合ごとに存在する（図4.5）。疎水性コアの中では，主鎖の-NH基と-CO基が，（それらの分極を打ち消すために）たがいにもれなく水素結合を形成していなければならない。

　タンパク質の折りたたみ（protein folding，**タンパク質のフォールディング**）とは，水素結合，疎水性相互作用，静電作用などに促されて，タンパク質が立体構造を形成することをいう。アミノ酸が多数つながったヒモ状のポリペプチ

[†] コアは芯のこと。水溶性タンパク質の表面には主に親水性のアミノ酸が配置されるのに対して，その内部は疎水性のアミノ酸で占められて疎水性のコアを形成する。

ド鎖は，そのタンパク質に特異的な**三次構造**をつくり，その結果，特有の機能をもつようになる．細胞にはさまざまな水溶性タンパク質が存在するが，上に述べたように，疎水性のアミノ酸側鎖を内部に折り込みつつ，機能をもつ特有の形をとるのは非常に困難であると想像される．このような空間配置の問題に加えて，「速度論的」見地からもタンパク質の折りたたみが困難をきわめるといわれている．タンパク質は，膨大な数に昇る，さまざまな**コンホメーション**[†]（conformation）をとりうる．例えば，100個のアミノ酸からなるポリペプチドの場合，1残基当りの可能なコンホメーションの数を3通りと考えると，$3^{100} \approx 10^{48}$ 通りのコンホメーションが可能である．タンパク質が**アンフォールド**（unfold）した状態（タンパク質の立体構造/折りたたみが壊れて生じた構造状態）から，この無数のコンホメーションの一つ一つを探索して天然構造に至るには超天文学的な時間を要すると計算されている．

しかしながら，この予測とは異なり，実際のタンパク質はマイクロ秒あるいはミリ秒から分のオーダーで天然状態に折りたたむ（Levinthal のパラドクスと呼ばれる）．したがって，タンパク質の折りたたみには，効率よく天然構造に至る経路があるはずだと考えられるようになったが，現在では，タンパク質の折りたたみ過程は，漏斗（funnel）を上から下へ落ちていくようなものであると説明されている（**folding funnel hypothesis**）．漏斗は円錐状の形をしているが，漏斗の縦軸はエネルギーを示し，横軸の広がりはタンパク質のとりうる構造あるいはコンホメーションの自由度を示す．漏斗の注ぎ口がタンパク質の変性状態を示し，エネルギーが高く，さまざまな構造が寄り集まったものであるが，折りたたみが進行する（漏斗の出口に進んでいく）と，ギブス（Gibbs）の自由エネルギーが最小となるような，そのタンパク質に特有の天然構造へと収斂していくというものである（しかしながら変性状態に比べるとエントロピーは小さくなる）．なお，後述するように，タンパク質濃度が非常に高い細胞の中では，正しく折りたたむのはさらに困難になる．

[†] タンパク質や核酸などの3次元的な形態をいう．（単）結合の回転により，その結合の両端の原子団を構成する原子の相互位置が変化して生じる．

4.5 タンパク質はそれ自身で正しく折りたたむ（アンフィンセンのドグマ）

　タンパク質は，ヒモのような不定形では定まったはたらきをすることができない．それぞれに決まった形，特有の立体構造をつくる必要がある．タンパク質のはたらきによって生命活動が維持されていることを考えると，この構造形成はきわめて重要である．1957 年〜1959 年に，Kendrew がミオグロビンの，Max Perutz がヘモグロビンの結晶構造を決定した．結晶化が可能であるということは，タンパク質が一つの安定な構造を形成しうることを示すものである．

　それでは，タンパク質の立体構造はどのようにして形成されるのか？　その秘密の扉を開いたのが，米国のアンフィンセン（Christian B. Anfinsen）である．彼は，タンパク質はアミノ酸配列（一次構造）によって決まる特有の三次元構造をつくるということを，以下のようにして証明した（1960 年代初頭）．ウシ膵臓リボヌクレアーゼ（RNAase）という，アミノ酸 124 個（分子量 13 700）からなる比較的小さく安定な酵素を用いて実験を行った．この酵素には 4 個のジスルフィド（S-S）結合が存在するが，還元剤（メルカプトエタノール）を含む高濃度の尿素で処理することにより，すべてのジスルフィド結合を切断し RNAase の立体構造も破壊した．変性し失活した酵素を含む溶液から，尿素と還元剤を除くと，変性前の酵素と（物理化学的性質において）区別のつかない，活性を有する RNAase が再生した（1〜2 時間のラグの後，10 時間後には〜80％の活性が回復した）．尿素が除かれることにより，酵素が元の（天然の）自由エネルギーが最小である立体構造をつくり，8 個のシステイン[†]（cysteine）残基の SH 基のうち，二つずつが正しい組合せで十分に近接し，ジスルフィド結合を形成したのである．この結果は，特定の構造をとらないタンパク質が，自発的に折りたたみ（巻き戻り），そのアミノ酸配列に決定づけら

[†] 生体内タンパク質を構成するアミノ酸の一つで，側鎖にチオール基（SH 基）をもつ．一文字表記は 'C'．

れた特有の立体構造と機能を回復することを示すものであった。

　アンフィンセンらの研究によって，タンパク質の三次構造は一次構造によって決定されると考えられるようになった。しかしながら，一次構造においては異なるように見えるにもかかわらず，高次構造や機能が類似するタンパク質が存在する。また，以下に述べるプリオンタンパク質のように，アミノ酸配列が同じでも異なる高次構造を形成する場合も存在する。

　プリオン（prion）は，タンパク質性感染因子で，ウシ海綿状脳症（bovine spongiform encephalopathy, BSE）やクロイツフェルト・ヤコブ病（Creutzfeldt-Jakob disease, CJD）などのプリオン病を引き起こす。驚くべきことに，細菌やウィルスではなく，**プリオンタンパク質**（**PrP**）と呼ばれるタンパク質がこれらの感染症の原因物質である。感染性を有するのは，「異常型（異常なコンホメーションをもつ）」プリオンタンパク質で，これが動物に感染すると，体内の正常なプリオンタンパク質と相互作用してその構造を異常型に変える。正常型タンパク質が主に α ヘリックスから構成されるのに対して，異常型は β シート構造を多く含む。異常型プリオンは，「分子間」β シートをつくって線維状に連なり，**アミロイド線維**[†]（amyloid fibril）と呼ばれる剛直な超分子重合体を形成し，組織に沈着する。この線維は，線維軸に対して垂直に β ストランドが規則的に配列したクロス β 構造をもつプロトフィラメントが集まって形成される。このようなタンパク質の凝集により，細胞毒性が生じると考えられている。このようにプリオンタンパク質には（アミノ酸配列は同一にもかかわらず）正常型と異常型の2種類の立体構造が存在する。これは，「タンパク質の立体構造はアミノ酸配列により決定される」という，アンフィンセンのドグマに従わない事例が存在することを示している。

[†] 単にアミロイドともいう。コンゴーレッド（あるいはコンゴレッド）染色をすると，偏光顕微鏡下で緑色の複屈折を示す。

4.6 細胞内で正しく折りたたむのはさらに難しい

アンフィンセンらは，尿素中で還元した変性酵素の巻き戻りを測定する際に，酵素濃度が高くなると凝集しやいことを観察している。一般的に，変性タンパク質の凝集はタンパク質濃度が高いほど起こりやすい。大腸菌の細胞内のタンパク質とRNAの総濃度は〜340 mg/mLと報告されている。筆者らは，ニワトリ卵白のタンパク質濃度を測定したことがあるが，〜340 mg/mLという値を超えることはなかったので，細胞内タンパク質濃度は想像を絶するものと感じている。このような高濃度条件では，タンパク質などの巨大分子は**会合**[†1]（association）しやすく，その拡散速度も減少し，非天然構造のタンパク質は凝集しやすくなる。

実際，大腸菌を宿主[†2]（host）として，他の生物種由来のタンパク質を大量発現させると，しばしば，そのタンパク質は大腸菌破砕液の不溶性画分に回収される。このようなタンパク質を大量発現する細胞を電子顕微鏡で観察すると，（巨大な構造体として）**封入体**（inclusion body）と呼ばれる不溶性の顆粒が検出される。大腸菌などの微生物は，ヒトをはじめとするさまざまな生物種由来の有用タンパク質を大量に生産するために汎用されているが，発現させたタンパク質が，不活性な凝集体となることがあり，タンパク質大量発現における大きな問題となっている。この問題を解決するために，さまざまな試みがなされてきたが，その一つが分子シャペロンの共発現[†3]（co-expression）である。

タンパク質の大量発現のみならず，高温なども細胞におけるタンパク質の凝集を引き起こす。例えば，25℃で培養した出芽酵母を高温で処理（44℃，60分）すると，電子顕微鏡負染色法で黒い顆粒状のタンパク質凝集塊が観察される。なお，25℃に戻すと凝集塊のほとんどは（分子シャペロンなどのはたらき

[†1] 分子が複数個結合し，単一分子のようになる現象。その逆は解離（dissociation）という。
[†2] ウイルスを含めて寄生生物が寄生する相手の生物のことを宿主という。細菌に寄生するウイルスをファージというが，寄生する相手の細菌（大腸菌）が宿主である。
[†3] 複数の遺伝子（タンパク質）が，共に発現すること。

で）120分以内に消失する。大腸菌でも同様の観察がなされている。熱不安定なルシフェラーゼ（分子シャペロンの基質タンパク質）と熱安定な蛍光タンパク質の融合タンパク質を大腸菌で発現させて，ルシフェラーゼの凝集形成を蛍光測定により解析することで，生きた細胞におけるタンパク質凝集塊の検出がなされている（上記の酵母における凝集形成とともに10.5.1項で詳述）。

　タンパク質の凝集は生物の生育に顕著な影響を与えうる。メチオニン生合成経路の最初の段階を触媒する酵素であるHomoserine trans-succinylase（HTS）は凝集しやすいタンパク質で，大腸菌を46℃で処理するとすべての酵素が不溶性画分に検出されるようになる。最少培地では，大腸菌は46℃で生育しないが，トリメチルアミン-N-オキシド（trimethylamine N-oxide）を培養液に加えてHTSの不溶化を抑えると，大腸菌は増殖できるようになる（Eliora Z. Ronら，2002年）。これは，タンパク質の凝集によって高温における生育が阻害されることを示すものであり，タンパク質の凝集が生物の増殖（生育）・生存を脅かすものであることを意味している。

　後述するが，細胞の中のタンパク質の凝集は難病とも関係している。アルツハイマー病，パーキンソン病，筋萎縮性側索硬化症，ポリグルタミン病などの神経変性疾患は，タンパク質の凝集によって引き起こされると考えられている。したがって，タンパク質の折りたたみ，変性や凝集に関する研究は，難病治療においても重要な意味をもつ。

5 分子シャペロン

　進化的に高度に保存された，熱ショックで高発現する Hsp の多くは，分子シャペロンとして機能する。この「分子シャペロン」という用語を最初に使用したのは Ronald A. Laskey といわれている（5.2 節）が，タンパク質の折りたたみやアセンブリーを介助する分子シャペロンの概念と重要性を提唱し，この研究分野の発展の礎を築いたのはイギリスの R. John Ellis である。Ellis が，どのようにして分子シャペロンを提唱するに至ったのか，まずその道筋をたどってみよう。

5.1　ルビスコ結合タンパク質の発見

　Ellis は，David Walker により 60 年半ばに確立されたエンドウ葉からの無傷葉緑体（包膜を保持したまま単離された葉緑体）の単離法を駆使して，葉緑体におけるタンパク質合成に関する研究を始めた（1970 年代初頭）。葉緑体やミトコンドリアは，核とは別の，それ自身の DNA とタンパク質合成系をもっている。ミトコンドリアとは異なり，葉緑体は光をエネルギー源としてタンパク質を合成する。高等植物や緑藻のルビスコのホロ酵素は分子量～55 000 の大サブユニット（large subunit）8 個と～15 000 の小サブユニット（small subunit）8 個から構成されている（L_8S_8）。ルビスコの大サブユニットは，葉緑体 DNA にコードされていて，葉緑体リボソームにより合成されるのに対して，小サブユニットは核 DNA にコードされていて，サイトゾルのリボソームによって**前駆**

体タンパク質[†1]（precursor protein）として合成されるが、葉緑体内に入るときにシグナル配列[†2]（6.2節）が除去されて小サブユニットとなる。これと葉緑体で合成された大サブユニットとが会合して、機能をもつ**ルビスコホロ酵素**（1.2.2項）ができる（図5.1）。このルビスコは葉緑体全タンパク質の半分を占め、地球上で最も豊富に存在するタンパク質である。ルビスコのターンオーバー数（単位時間当りに酵素1分子により変換される基質分子の数）が非常に小さいために、植物は（適切な光合成速度を維持するために）多量のルビスコを必要とすると考えられる。

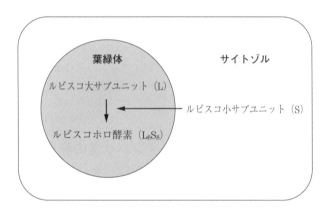

図5.1 ルビスコホロ酵素（L_8S_8）の形成

Ellisらは、放射性標識アミノ酸を葉緑体に取り込ませ、標識される可溶性タンパク質（ほとんどがルビスコ大サブユニット）を**非変性PAGE**[†3]（native-PAGE）で解析した。電気泳動で分離されたタンパク質を解析すると、ルビス

[†1] 本書では、着目した（目的）タンパク質より前の段階にあるタンパク質のことをいう。例えば、翻訳後のタンパク質の一部が切断されて、成熟タンパク質になる場合には、切断される前のタンパク質を前駆体タンパク質と呼ぶ。

[†2] 葉緑体やミトコンドリアのような細胞小器官などの特定の場所へのタンパク質輸送（移行あるいは局在化）を指示するアミノ酸配列。通常、輸送されるタンパク質のN末端に存在し、膜透過を先導し、透過が完了するとペプチダーゼにより切断されて除去される。

[†3] SDS（この場合はSDS-PAGEという）などの変性剤の非存在下でタンパク質を泳動し、タンパク質オリゴマーや複合体を分離する電気泳動のこと。SDS存在下ではタンパク質は変性する。そのため、タンパク質オリゴマー/複合体は、各構成タンパク質に分離して泳動される。

コホロ酵素（L_8S_8）のサイズ〜550 000 よりも大きい，分子量〜700 000 のタンパク質が検出された（**図 5.2**）。彼らは，放射性標識された分子量〜700 000 のタンパク質は，大サブユニットが小サブユニットと会合してホロ酵素をつくる前の，大サブユニットだけから構成される中間体であろうと考えた。非変性 PAGE で検出された上記の標識タンパク質（ルビスコ大サブユニット）のバンド（以下，形が帯状のものをバンドと表現する）と同位置に，クマシーブリリアントブルー（CBB）で染色されたタンパク質（図 5.2 の❶）も検出されたが，これら二つのバンドはゲル上では（その形状も泳動位置も）同一に見えたため，彼らはこの染色されたタンパク質もルビスコ大サブユニット（中間体）であると考えた。ところが，この染色された〜700 000（native-PAGE で求められたサイズであることに注意）のタンパク質は，ルビスコとはまったく異なるタンパク質からなることが，彼のポスドク研究員によって発見されたのである（1980 年，図 5.2 参照）。

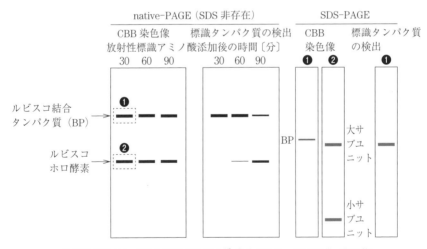

放射性標識アミノ酸を葉緑体に取り込ませ（30 分〜90 分間），葉緑体タンパク質を native-PAGE で分離後，ゲル中のタンパク質を CBB で染色した。また，標識されたタンパク質をオートラジオグラフィーで検出した。native-PAGE で分離されたタンパク質を含む❶と❷のゲル片を切り出し，SDS-PAGE でさらに解析した（Ellis, 1996 年）

図 5.2 ルビスコ結合タンパク質のルビスコ大サブユニットへの一過的結合

ルビスコ結合タンパク質[†]（rubisco subunit binding protein，**BP**）と命名されたこのタンパク質は，葉緑体では合成されない（サイトゾルで合成される）ので非標識タンパク質として検出されるが，非変性PAGEにおいて，標識されたルビスコ大サブユニットと（ほとんど）同じ位置に存在することから，新生ルビスコは，BPに結合して複合体を形成することが示唆された。現在では，1モルのルビスコ大サブユニットが1モルのBP（複合体）に結合することがわかっている。新生ルビスコ大サブユニットが，それよりもはるかに大きいBP複合体に結合してもサイズの変化が小さいため，Ellisは，非変性PAGEで分離された放射性標識されたタンパク質をルビスコ大サブユニットのみからなる中間体であると（最初）間違えたと考えられる。なお，放射性標識アミノ酸を取り込ませてから1時間以上経過すると，標識されたルビスコホロ酵素が検出されるようになるが，このホロ酵素にはルビスコ結合タンパク質は検出されなかったので，このルビスコ結合タンパク質との複合体形成は一過的であることが示唆された（図5.2参照）。Ellisらは，ホロ酵素形成の過程で，新生タンパク質が他のタンパク質と一過的に相互作用するという，斬新な仮説を提唱するに至った。彼らの発見は，（リボソームで合成されたばかりの）新生ポリペプチドに他のタンパク質が一過的に結合することを示した最初の例であるといわれている。

5.2　細胞におけるタンパク質の構造形成を助けるタンパク質

　Ellisらは，ルビスコホロ酵素（L_8S_8）が，大サブユニット（L）と小サブユニット（S）が自発的に（自然に）結合してつくられるのではなく，大サブユニットとルビスコ結合タンパク質の複合体形成を経て形成されることを示した。この複合体形成は一過的で，ルビスコ結合タンパク質はルビスコホロ酵素

[†]　後に，Ellisがシャペロニン（chaperonin，Cpn）と改称した。これと相同なタンパク質をシャペロニンと呼ぶ（5.4節）。シャペロニンも分子シャペロンの一つであり，他に7章で説明されるGroEL，Hsp60，あるいはTRIC（CCT）などがある。

5.2 細胞におけるタンパク質の構造形成を助けるタンパク質

ルビスコ大サブユニット（L） ＋ ルビスコ結合タンパク質（BP） ➡ LとBPの複合体

LとBPの複合体 ＋ ルビスコ小サブユニット（S） ➡ ルビスコホロ酵素（L_8S_8）

Sと結合していない「未成熟」のLは，「運命的に定められた，出会うべき」Sと結合するまでは，分子シャペロンであるBPに付き添われる．「成熟した」ルビスコのホロ酵素には，BPは存在しない

図5.3 ルビスコホロ酵素は中間体を経て形成される

の成分ではない（**図5.3**）．なぜ，「中間体」が形成されるのだろうか？

小サブユニットと会合しないと，ルビスコ大サブユニットは非常に不安定で凝集する傾向がある．そこで，Ellisは，ルビスコ結合タンパク質との複合体形成は，大サブユニットの凝集を防ぐために必須の一過的プロセスであると考えた．彼らはこの発見を植物分野の学会で発表したが，新生タンパク質の折りたたみや四次構造形成は自発的に起こる（アンフィンセンのドグマ，4.5節）と考えられていたので，それらの過程に他のタンパク質が介在するという彼らの考えは疑いの目で見られた．教科書にも書かれている旧来の常識から脱するのは簡単ではなかったのである．現在では高校の生物の教科書や参考書などでも取り上げられるほど一般的かつ重要な分子シャペロンの概念を提唱したEllisは，当時を振り返って以下のように記している．「It is my belief that scientists should resist the natural tendency to ignore unexpected observations that do not fit the existing paradigm, but take the risk of pursuing them in the hope that they lead to new ideas and discoveries.」

Ellisは，類似の報告・論文を探したところ，ヌクレオソーム（nucleosome）の**アセンブリー**[†]（assembly）に必要とされる**ヌクレオプラスミン**（nucleoplasmin）が，ルビスコ結合タンパク質と類似のはたらきをすることを見出した．通常，真核細胞のDNAは，ヒストンと呼ばれるタンパク質に巻き付いてヌクレオ

[†] 一般的には，集合，会合，構築を意味する．ディスアセンブリー（disassembly）はアセンブリーの逆の意味で，解離，解体．

ソームという構造を形成している。これがクロマチン（染色質）の単位となる。クロマチン（が分散した状態）はヌクレオソームがDNAの直鎖上に長く連なった線維状の構造体である。Laskeyら（1978年）は，単離ヌクレオソームを高塩濃度処理しヒストンとDNAに解離させた後，これらが再会合するのかどうかを調べた。生理的なイオン強度下で再会合実験を行ったが，ヒストンとDNAを混合すると凝集（沈殿）し，ヌクレオソームは生じることがなかった。しかし，アフリカツメガエル（*Xenopus laevis*）の卵の抽出液を加えると，凝集は抑制されてヌクレオソームが形成された。彼らは，この凝集抑制因子を精製しヌクレオプラスミンと命名した。

ヌクレオプラスミンを添加すると，ヒストンとDNAは適切に会合しヌクレオソームが正しく形成された。ヒストンは塩基性のタンパク質であるが，酸性のDNAとイオン結合する。酸性タンパク質のヌクレオプラスミンは，自身の負電荷領域を介してヒストンの強い正電荷領域に一時的に結合することで，DNAと適切に会合できるように助けていると考えられた。重要なことに，ヌクレオプラスミンは，ヌクレオソームの会合・構築には必要とされるが，ヌクレオソームの構成成分ではなかった。この論文の中で，Laskeyらは，ヌクレオプラスミンはヒストンとDNA間の不適切な静電相互作用を阻止する「**分子シャペロン**（molecular chaperone）」としての役割をもつのではないかと示唆した。分子シャペロンという用語（と概念）が（少なくとも生物学分野の論文で）最初に使用されたのは，この論文であるといわれている。

なお，タンパク質の構造形成過程に一過的に関与するシャペロンのようなはたらきをするタンパク質，あるいは**マシナリー**[†]（machinery）は他にもある。ここでは，細胞におけるジスルフィド（S-S）結合の形成に関与するタンパク質と鉄-硫黄クラスター（Fe-S cluster）の形成に関与するマシナリーについて簡単に説明する。ジスルフィド結合は二つのSH基が酸化されることによって形成される共有結合で，タンパク質のそれは，二つのシステイン残基間にでき

[†] 一般的には，機械装置の意味。ここでは，多成分タンパク質/酵素系のことで，さまざまな構成タンパク質が協調してはたらく。

5.2 細胞におけるタンパク質の構造形成を助けるタンパク質

る。システインは，容易に空気酸化されて2分子がジスルフィド結合したシスチンになるが，「適切な」ジスルフィド結合は自発的に起こるのではない。BardwellとJon Beckwith（1991年）は，大腸菌のDsbAと命名されたタンパク質がないと，ペリプラズムにおける，分泌タンパク質の適切なジスルフィド結合が形成されないことを発見した。DsbAタンパク質を含むいくつかのタンパク質の助けがないと，細胞の中でS-S結合の適切な架橋が適切な時間内で行われないのである。

鉄-硫黄タンパク質は，鉄-硫黄クラスターを補因子[†1]（cofactor）としてもつタンパク質である。フェレドキシン，コハク酸デヒドロゲナーゼ，NADHデヒドロゲナーゼ，ニトロゲナーゼなど，これまでに数百種類の鉄-硫黄タンパク質が報告されている。これらは，光合成電子伝達，クエン酸回路[†2]（citric acid cycle），呼吸鎖電子伝達[†3]（respiratory electron transport），窒素固定[†4]（nitrogen fixation）などにおいて重要な役割を担っている。鉄-硫黄クラスターは，非ヘム鉄[†5]（nonheme iron, non-heme iron）と（多くは）システイン残基のSH（硫黄原子）とで構成され，電子伝達反応における酸化還元中心や酵素の触媒中心などとして機能している。また，鉄イオンや酸素濃度などのセンサーとしての役割も知られている。*In vitro* では，鉄-硫黄クラスターは，鉄イオン，硫化物イオン，配位子となる有機物を混合することで合成されうるが，生体内では，鉄-硫黄クラスターの生合成マシナリーを介して合成される。これまでに，3種類の生合成マシナリー（ISC，SUF，NIF）が同定されている。それぞれのマシナリーは，いくつもの異なるタンパク質から構成され，それらの協調的作用によってクラスターが形成される。

[†1] 補助因子ともいう。酵素の活性を発現させる非タンパク質性の低分子有機化合物や金属。
[†2] トリカルボン酸（TCA）回路あるいはクレブス回路ともいう。サイトゾルでグルコースなどの分解で生成したピルビン酸を，ミトコンドリアのマトリックスにおいてH_2OとCO_2に完全酸化する，さまざまな酵素から構成される回路。
[†3] ミトコンドリア内膜などにおける，連鎖的な酸化還元反応により，電子がつぎつぎに受け渡されて行われる反応。
[†4] （微生物の作用により）窒素ガスを有機窒素化合物に変えること。
[†5] タンパク質に存在する鉄の状態がヘム（ポルフィリンと二価鉄との錯体）でないもの。

このように，タンパク質の折りたたみ，S-S結合や鉄-硫黄クラスターなどの自発的形成は，細胞の中の環境（条件）では起こりにくい，起こっても時間がかかりすぎる，収率も悪い。そのために，細胞では，分子シャペロンやタンパク質マシナリーの助けが必要とされると考えられる。

5.3 分子シャペロン概念の提唱

Sean M. Hemmingsen と Ellis ら（1988年）が，マメや小麦の**プラスチド**[†1]（plastid）からルビスコ結合タンパク質（5.1節）をコードする遺伝子をクローニング（単離）し，その塩基配列を決定した。驚くべきことに，その推定アミノ酸配列は Roger W. Hendrix らが明らかにした大腸菌 GroEL の（推定）アミノ酸配列と約50％同一で，異なるアミノ酸でさえも類似のものであった（〜68％類似）。ルビスコ結合タンパク質と同様に，GroEL は，大きな（分子量〜60 000 のサブユニット 14 個からなる）**オリゴマー**[†2]（oligomer）を形成することや，ファージ（細菌に感染するウイルス）タンパク質のアセンブリー（会合・構築）に関与する宿主（大腸菌）遺伝子にコードされるタンパク質であることなどが，すでに明らかにされていた。GroEL は主要な Hsp の一つで，これをコードする遺伝子に変異が入った *groEL* 変異株は，高温（例えば42℃）感受性になるということもすでに報告されていた。これは，GroEL がファージのみならず，その宿主である大腸菌にとっても重要なはたらきをすることを示すものである。さらに重要なことに，*groEL* 遺伝子の変異株においては，ファージの頭部を形成するタンパク質が凝集することや，GroEL はファージタンパク質に一過的に結合することがわかっていた。このように系統学的に遠く離れた生物種間で，構造（アミノ酸配列やオリゴマー構造）も（他のタンパク質の四次構造・複合体形成に一過的に必要とされる）機能も類似するタンパ

[†1] 色素体ともいう。植物細胞に固有のオルガネラで，葉緑体やアミロプラストなどをいう。
[†2] 複数個のポリペプチド鎖が会合して形成されたタンパク質を，オリゴマー（タンパク質）という。また，その構造を**四次構造**という。

5.3 分子シャペロン概念の提唱

ク質が存在することが明らかになった。これは，これらのホモログが生物種を超えて普遍的に存在することを示唆するものである。

　Ellis は，「他のポリペプチド鎖の折りたたみや四次構造の形成が正しく起こるように保証するタンパク質で，他のタンパク質の構造形成を助けるが，自らはその最終成分にならないタンパク質」を分子シャペロンと呼ぶことを提唱した（1987 年）。なお，シャペロンとは，英米の辞書で「a person who accompanies and looks after another person or group of people」あるいは「an older person who accompanies young people at a social gathering to ensure proper behavior」と説明されているように，他の人あるいは自分よりも若い人に付き添って（社交場における正しい振舞いを保証するために）世話をする人のことである。分子シャペロンも，（未成熟の，若い）タンパク質が正しく折りたたみ，相応しいタンパク質と相互作用して機能的な四次構造や複合体を形成する（成熟する，大人になる）まで付き添い世話をするのである。付き添う相手が一人前になると，シャペロンはもう助ける必要がなくなり，相手と離れてしまう。

　Ellis は，上記の定義からも想像されるように，ルビスコ結合タンパク質（シャペロニン）や GroEL が四次構造の形成に関与すると考えたようである。実際，Pierre Goloubinoff と George H. Lorimer らは，大腸菌の GroEL が（GroES と ATP 依存的に）変性したルビスコの「ホロ」酵素形成を促進することを明らかにした（7.3.1 項）。このルビスコは，大サブユニット 2 個のみからなる光合成細菌由来のものであったが，他の生物のルビスコも同様にホロ酵素を形成するものと考えられていた。しかしながら，最近の Manajit Hayer-Hartl らの研究により，ルビスコのアセンブリーに特化した複数種のシャペロンが存在することがわかっている。ルビスコ結合タンパク質（シャペロニン）の主たるはたらきは，（ルビスコ小サブユニットと会合する前の）大サブユニットの折りたたみを助け，その凝集を防ぐことのようである。ルビスコの折りたたみやホロ酵素形成のメカニズムは，それほど単純ではなかったのである。高等植物や藻類の葉緑体，シアノバクテリアなどに存在する L_8S_8 形成のメカニズムは，ようやく最近になって明らかにされてきた。

5.4 さまざまな分子シャペロンと分子シャペロンの一般的な定義

　GroELやルビスコ結合タンパク質と相同なタンパク質は，前述のとおり（5.1節 脚注）**シャペロニン**（chaperonin）と命名された．シャペロニンは，大腸菌以外の原核生物や，葉緑体に加えてミトコンドリア（Hsp60）にも存在することが明らかになった．これらのシャペロニン（group I）とは異なるグループ（group II）に分類されるが，古細菌や真核生物のサイトゾルにもシャペロニンは存在する．これら（TRiCあるいはCCT，7.3.4項）は，アクチンやチューブリン（4.1節）の折りたたみを助ける分子シャペロンとして同定された（1992年）．**アクチン**（actin）は，すべての真核細胞に存在し，その多くで全タンパク質の5％，脊椎動物の骨格筋細胞では全重量の20％を占めるという細胞骨格タンパク質である．ルビスコ結合タンパク質の基質であるルビスコは，葉緑体の可溶性タンパク質の～50％を占める，光合成（炭酸固定）にとって必須のタンパク質である．原核生物における主要Hspであるとともに必須タンパク質であるGroELのホモログは，真核生物では，大量に存在し必須のはたらきをするタンパク質を基質とし，それらの折りたたみを助けている．このように，Hspは，非ストレス下あるいは平常時でも，分子シャペロンとして重要な（必須の）役割を果たしているのである．

　シャペロニン/Hsp60/GroEL以外のタンパク質にも分子シャペロンとしてのはたらきが見られるものがある．例えば，小胞体に局在するHsp70ホモログである**Grp78**（glucose regulated protein 78）は，**免疫グロブリン重鎖（H鎖）結合タンパク質**（immunoglobulin heavy-chain binding protein，**BiP**）とも呼ばれるが，免疫グロブリンG（IgG）のH鎖がL鎖と結合し抗体を形成する（機能的複合体に成熟する）まで，H鎖に一過的に結合している（8.1節）．サイトゾルに存在するHsp90は，ステロイドホルモン受容体がホルモンと結合するまで，受容体と一過的に結合している（9.1節）．Grp78やHsp90のはた

5.4 さまざまな分子シャペロンと分子シャペロンの一般的な定義

らきは，ルビスコ結合タンパク質のそれを連想させるものである。

さらに，シャペロニン/Hsp60/GroEL, Hsp70, Hsp90 以外にも，低分子量 Hsp や Hsp100 （Hsp104/ClpB）などの分子シャペロンが知られている。これらは生物界に普遍的に存在し，一群の相同なタンパク質からなるファミリーを形成する（**表 5.1**）。多様なタンパク質が分子シャペロンとして認められてきたが，現在の定義は Ellis が最初に定義したものとそれほど異なるものではない。例えば，分子シャペロン研究における第一人者であるドイツの F. Ulrich Hartl は，「他のタンパク質に相互作用して，その安定化，あるいはそれの機能的コンホメーションの獲得を助けるが，自らはその最終成分にならないタンパク質である（We define a molecular chaperone as any protein that interacts with, stabilizes or helps another protein to acquire its functionally active conformation, without being present in its final structure）」と定義している（2011 年）。

表 5.1 進化的に保存された分子シャペロンファミリー
（メンバーの名称，構造と ATPase 活性）

分子シャペロンファミリー	原核生物のメンバー	ヒトのメンバー	高次構造	ATPase 活性
Hsp60（シャペロニン）	GroEL	HSPD CCT	14 量体（7 量体×2）16 量体（8 量体×2）	○
Hsp70	DnaK	HSPA	単量体	○
Hsp90	HtpG	HSPC	2 量体	○
Hsp100（Hsp104）	ClpB		6 量体	○
低分子量 Hsp（sHsp, α-Hsp）	IbpA, IbpB, HspA, 他	HSPB	2～32（≧）量体	×

〔注〕 ～量体の数字部分については，便宜上，算用数字にしている。

Ellis 自身は，分子シャペロンの解釈の幅を広げて，「他のタンパク質（あるいは RNA）の，共有結合を介さない折りたたみ（フォールディング）とアンフォールディング，オリゴマーや複合体形成（アセンブリー）とそのディスアセンブリーを助けるが，これらが正常な生物学的機能を果たすときには，機能的構造の永続的構成成分にはならないタンパク質である（Molecular chaperones are a large and diverse group of proteins that share the property of assisting non-covalent folding and unfolding, and the assembly and disassembly, of other macromolecular structures, but are not permanent components of these structures when they are performing their normal biological functions)」(2006年,2013年) と再定義している。上述のさまざまな分子シャペロンの構造や機能は同一ではない (II編 各論 参照) が,Hsp104/ClpB 以外の分子シャペロンは,非天然構造 (未成熟あるいは変性) タンパク質と相互作用して,その凝集を抑える作用がある。一方,Hsp104/ClpB は,そのアンフォールディング作用によりタンパク質凝集塊を溶かすことができる。後述するように,概して分子シャペロンは単独ではたらくわけではなく,異なるファミリーに属する分子シャペロンや,シャペロン作用を助けるコシャペロン (シャペロン補助因子,3.1.1項) などと相互作用し,これらが協調的にはたらくことで,細胞のタンパク質の恒常性の維持に寄与している。

6 分子シャペロンはタンパク質の誕生から死まで関与する

　タンパク質はリボソームで合成されるが，リボソームはサイトゾル，小胞体の表面，ミトコンドリア，葉緑体に存在する．われわれ人間でも，出身地がそれぞれの人生の歩み方に影響するが，タンパク質の「一生」も，その合成場所によって左右される．例えば，粗面小胞体にあるリボソームで合成されたタンパク質は，細胞外や他の細胞小器官，あるいは生体膜ではたらくことになるが，サイトゾルではたらくことはない．この章では，タンパク質の合成（誕生）から分解（死），すなわち，タンパク質の「一生」に，分子シャペロンがどのように関与するのかを理解するために，サイトゾルのリボソームで合成されたタンパク質の一生を簡単にまとめてみたい．

6.1　タンパク質の合成（誕生）

　DNA の遺伝情報は mRNA の塩基配列に写し取られ，これがタンパク質のアミノ酸配列に翻訳される．翻訳は，リボソームが mRNA に結合し，**開始コドン**[†1]（start codon, initiation codon）を認識することによって始まる．リボソームは mRNA 上を移動しながら，**N 末端**[†2] のアミノ酸から **C 末端**[†3] のアミノ酸へと，アミノ酸を重合していく．このようにして合成された新生ポリペプ

[†1] **コドン**（codon）はあるアミノ酸に対応する三つの塩基の並びのこと．例えば，**GGC** は**グリシン**，**AAA** は**リシン**，**GCA** は**アラニン**に対応する．開始コドンは翻訳（タンパク質合成）の開始点を指示するコドン．通常，この指令には **AUG** という 3 塩基の配列が用いられる．

[†2] **アミノ末端**ともいう．タンパク質またはポリペプチドにおいて遊離の α-アミノ基（NH_2）で終端している側の末端．

[†3] **カルボキシ（ル）末端**ともいう．タンパク質またはポリペプチドにおいて，遊離の α-カルボキシ（ル）基（COOH）で終端している側の末端．

チド鎖は，そのはたらきに応じた固有の立体構造に折りたたむ．一般的に，翻訳の速度は折りたたみ速度に比べて遅い（真核細胞の場合，100アミノ酸合成に〜25秒，原核細胞の場合は，〜5秒を要するという）ために，翻訳完了を待たずに折りたたみが始まる（cotranslational protein folding）．そのために，合成中の新生ポリペプチド分子は，天然の機能的構造を形成するためには不適切な，分子内あるいは分子間の相互作用をする危険がある．このような危険を回避するために，分子シャペロンが合成途中から合成後に至るまでポリペプチド鎖と相互作用する．

すでに述べたように，リボソームは大小二つのサブユニット（RNAとタンパク質から形成される顆粒）からなる．伸長中のポリペプチドは，大サブユニットの出口から出てくる．この出口に至る大サブユニット内の「トンネル」（ribosomal tunnel）は，全長ポリペプチドの折りたたみのためには十分大きくないが，α-ヘリックスの形成は可能である[†1]．驚くべきことに，小さな（29アミノ酸からなる）**ジンクフィンガードメイン**[†2]（zinc finger domain）はトンネル内で形成されうるという報告がある．これは，大腸菌リボソームのトンネルが，後述するシャペロニンのような折りたたみ用の空間としてはたらくことができるということを示唆している．しかしながら，大きなタンパク質（ドメイン）は，その全長にわたって翻訳が完全に終わり，リボソームの外に出てくるまでは折りたたみを完了することができない．リボソーム外に出た新生ポリペプチド鎖合成中間体は，間違った折りたたみ（**ミスフォールディング**，protein misfolding）や凝集をするかもしれない．また，間違った折りたたみをしたものは（翻訳完了前に）分解されてしまうことも考えられるが，分解後，再び新規合成するには多量のATPを消費するので，無駄が生じてしまう．転写，翻

[†1] リボソームで合成されるタンパク質は，大サブユニットを貫くトンネルを通って，その出口から出てくる．トンネルは，長さ100Å，内径15Åほどで，合成途中のタンパク質（ポリペプチド鎖）の30〜40アミノ酸残基を保持できる．その内壁は，主にRNAからなる．

[†2] ある種のDNA結合タンパク質のDNA結合領域がとる，〜30個のアミノ酸からなる構造をジンクフィンガーという（https://pdbj.org/mom/87参照）．亜鉛（zinc）イオンが配位している．

訳,翻訳後修飾などには ATP が必要とされるのである。以下に述べるように,細胞は分子シャペロンを用いてこの危険や無駄を回避する。

バクテリアのリボソームの大（50S）サブユニットのトンネル出口近くに,**トリガー因子**（trigger factor,**TF**,分子シャペロンの一つであると考えられるが,以下の各論では扱わない）が結合していて,リボソームから出てきた新生ポリペプチド鎖に結合することにより,そのミスフォールディングや凝集を防ぐ。大腸菌のトリガー因子遺伝子変異株は顕著な表現型を示さないが,この遺伝子は *dnaK* 変異株では破壊できない（すなわち合成致死を示す）ことから,トリガー因子と DnaK シャペロン系のはたらきが重複している,あるいはこれらが協調的に新生ポリペプチド鎖の折りたたみを助けていると考えられている。トリガー因子は,単量体（分子量 49 500）としてリボソームやタンパク質と結合するが,サイトゾルにおいては二量体として存在し,タンパク質の凝集を抑制し折りたたみを助ける。バクテリア以外に,トリガー因子は葉緑体にも存在する。

リボソーム/トリガー因子を経た新生ポリペプチド鎖の中には,天然の機能的構造に折りたたむもの（〜70%）もあれば,さらに（直接リボソームとは結合しない）DnaK/DnaJ/GrpE あるいは GroEL/GroES などの分子シャペロン/コシャペロンに助けられて折りたたむもの（〜30%）も存在する（**図 6.1**）。これらのポリペプチド鎖には,上記二つのシャペロン系で区別されるものとそうでないものが含まれる。なお,DnaK/DnaJ/GrpE は,合成後のポリペプチド鎖に加え,（トリガー因子のように）合成途中のポリペプチド鎖にも作用する。それに対して,GroEL は合成後のポリペプチド鎖に作用すると報告されている。すでに述べたように,ルビスコのような多くのサブユニットからなるタンパク質の場合には,折りたたまれたサブユニットがオリゴマー形成するのを助ける特別なシャペロン（assembly chaperones）も存在する。

真核細胞のリボソームの大（60S）サブユニットのトンネル出口には,トリガー因子のようなはたらきをするものとして,**RAC**（ribosome-associated complex）が存在する。出芽酵母の RAC は,非典型的な（不活性な）Hsp70

6. 分子シャペロンはタンパク質の誕生から死まで関与する

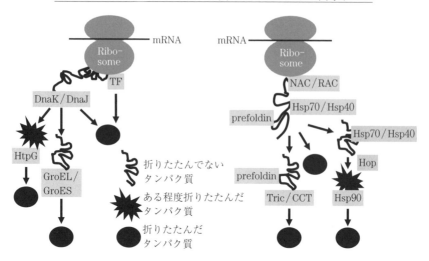

図 6.1 原核生物と真核生物のサイトゾルにおける新生タンパク質の折りたたみと分子シャペロン

である Ssz1 と，リボソーム結合型 Hsp40 である Zuo1 (zuotin) の**ヘテロ複合体**[†1] (heterocomplex, hetero-complex) である。Zuo1 は，8.4 節で述べる III 型，あるいは class III の J タンパク質である。RAC (の Zuo1) は，リボソーム結合型の Hsp70 である Ssb1 や Ssb2 の **ATPase**[†2] を活性化する。RAC のはたらきにより，これらの Hsp70 は ADP 結合型[†3]のコンホメーションをとり基質ポリペプチド鎖への親和性が高くなるために，基質が Hsp70 に捕捉される。Ssb1 や Ssb2 に結合した新生ポリペプチド鎖の解離は，Sse1/Hsp110 (8.5 節で述べる**ヌクレオチド**[†4] (nucleotide) 交換因子の一種で，Hsp70 の補助因子としてはたらく) によって促される。このようなことを考慮すると，RAC は，

[†1] ヘテロは「異なる」の意を表す。「同じ」はホモ。タンパク質オリゴマーや複合体を構成するポリペプチド鎖がすべて同一のものからなるものをホモ複合体，異なる鎖からなるものをヘテロ複合体と呼ぶ。

[†2] **ATP アーゼ**とも書く。ATP を加水分解して ADP と無機リン酸 (Pi) に分解する酵素。

[†3] Hsp70 や Hsp90 などの分子シャペロンは，ATP や ADP を結合する。ATP を結合したものと ADP を結合したものの構造や機能 (例えば，基質に対する親和性) は著しく異なる。そのために，両者をそれぞれ ATP 結合型，ADP 結合型として区別する。

[†4] 塩基とリン酸基を結合した糖をヌクレオチドと呼ぶ。ATP, ADP, GTP, GDP などはヌクレオチドである。GrpE や NEF などのヌクレオチド交換因子は，DnaK や Hsp70 に結合した ADP を解離させ，ATP との交換を促進する因子としてはたらく。

Ssb1/Ssb2 のシャペロン機能を調節するコシャペロンといえるかもしれない。RAC は真核生物で高度に保存されている。動物の RAC として，Mpp11（前述 Zuo1 に相当）と Hsp70L1 が同定されている。

RAC 以外にも，**NAC**（nascent-chain-associated complex）がリボソームのトンネル出口近傍に結合して，新生ポリペプチド鎖と相互作用する。NAC は，α サブユニットおよび β サブユニット（α-NAC と β-NAC）から構成される二量体で，β サブユニットを介してリボソームと結合する。NAC は真核生物で広く保存されており，酵母には Egd2（α-NAC）と Egd1（β-NAC）が存在する。NAC のはたらきとして，合成途中の新生ポリペプチド鎖の折りたたみを助けることや，シグナル認識粒子 SRP（signal recognition particle）と相互作用して，（合成途中の）ポリペプチド鎖とリボソームの複合体を適切に選別し，小胞体に導くことなどが挙げられている。さらに，ミトコンドリア前駆体タンパク質のミトコンドリアへの輸送における関与も考えられている。

バクテリアの場合と同様に，RAC や NAC につづいて，リボソーム非結合型の分子シャペロンが，合成途中あるいは合成後の新生ポリペプチド鎖の折りたたみを助ける。これらのシャペロンには，Hsp70（酵母では Ssa），プレフォルディン（prefoldin, GimC），サイトゾルのシャペロニンである TRiC（CCT），Hsp90 などが含まれる。

プレフォルディン（prefoldin, GimC）は，Nicholas J. Cowan らによって初めて報告された（1998 年）。酵母の prefoldin は 6 種類のタンパク質（分子量 13 000〜23 000）から構成されるが，これらのあるものは，紡錘体（真核細胞の細胞骨格の一種）の形成に関与するキネシン関連タンパク質をコードする遺伝子変異株において合成致死[†]（synthetic lethality）を導く遺伝子にコードされるタンパク質，さらには γ チューブリンをコードする遺伝子変異株において合成致死を生じさせる遺伝子群にコードされるタンパク質（Gim タンパク質，Gim は genes involved in microtubule biogenesis に由来する）としてすでに報

[†] 単独の遺伝子変異（遺伝子欠損，遺伝子発現異常）では細胞や個体に対する致死性を示さないのに，複数の遺伝子変異を同時にもつと致死となる現象。

告されていた．Cowanらは，酵母のprefoldinを精製し，これがヘテロ六量体を形成し，（天然構造に折りたたんでいない）新生アクチンあるいは変性アクチンに結合すること，さらに天然構造のアクチンには結合しないことを発見した．

prefoldinは，リボソームに結合している（合成途中の）新生アクチン鎖に結合するという報告もある．単離されたprefoldinは，基質タンパク質（アクチンやチューブリン）をTRiC（CCT）に（ヌクレオチド非依存的に）引き渡すが，この基質移動は，このサイトゾルのシャペロニンに特異的であった．ミトコンドリアのシャペロニンであるHsp60やバクテリアGroELでは，この引渡しは迅速に起こらず，prefoldinからTRiC（CCT）への基質移動は，Hsp60が共存しても顕著な影響を受けなかった（これらのシャペロニンが拮抗することはなかった）．この特異性には，prefoldinとTRiC（CCT）との物理的相互作用における親和性・特異性が関与するものと思われ，prefoldinは，TRiC（CCT）が結合したATP-agarose columnには結合するが，GroELが結合したATP-agaroseには結合しなかった．TRiC（CCT）だけでもアクチンの折りたたみは起こったが，prefoldinが共存するとその折りたたみは促進された．古細菌のprefoldinは2種類のサブユニットからなり，2個のαサブユニットと4個のβサブユニットからなる六量体を形成する．古細菌にはアクチンやチューブリンが存在しないにもかかわらず，prefoldinが存在することから，prefoldinの基質は，アクチンやチューブリンなどの細胞骨格タンパク質に限定されないと考えられる．

真核生物のサイトゾルに存在するシャペロニンであるTRiC（CCT）は，(prefoldinやHsp70から引き渡された）5～10％の新生ポリペプチド鎖と相互作用して，それらの折りたたみを助ける．Hsp90もコシャペロンであるHop/Sti1を介してHsp70と相互作用し，Hsp70のはたらきによって「ある程度折りたたまれた」タンパク質を受け取り，天然構造への折りたたみを助ける．なお，筆者らは原核生物のHsp90（HtpG）はコシャペロンを介せず，直接Hsp70（DnaK）と相互作用することを明らかにした．このように，prefoldin

やHsp70は，新生ポリペプチド鎖の折りたたみ過程においてTRiC（CCT）やHsp90の上流に位置しているが，prefoldinやHsp70のシャペロン作用では折りたたみが完成しないポリペプチド鎖は，下流のシャペロンの助けも借りて，折りたたむものと考えられる（図6.1参照）。TRiC（CCT），Hsp70，Jタンパク質，Hsp90については，II編の各論で詳しく述べる。

6.2 タンパク質の適材適所配置（オルガネラ局在）

細胞の中には，いくつかの**オルガネラ**（細胞小器官）が存在する（図1.1参照）。その中で，葉緑体やミトコンドリアは，独自の環状のDNAを含むが，これらにコードされるタンパク質は各オルガネラに存在するタンパク質のほんの一部にすぎない。例えば，葉緑体に存在する〜3000種類のタンパク質のうち，わずか100程度のタンパク質が葉緑体ゲノムにコードされているにすぎず，他は核DNAにコードされている。同様に，ミトコンドリアで機能するタンパク質の99％以上は核ゲノムにコードされているという。核ゲノムにコードされたタンパク質は，サイトゾルのリボソームで合成された後，葉緑体やミトコンドリア内へ取り込まれる（輸送される）。これらのオルガネラは二重（2枚）の膜（脂質二重層）でできている（包まれている）ために，タンパク質はこれらの生体膜を透過しなくてはならない。水溶性のタンパク質分子は，膜に存在する輸送タンパク質複合体あるいはタンパク質膜透過装置を介して透過する。このような膜透過装置は**トランスコロン**（translocon），トランスロケーター，トランスロケースなどと呼ばれる。

細胞の中には，上述のオルガネラ以外にも，核，小胞体，ペルオキシソームなどさまざまなオルガネラが存在している。それぞれのタンパク質が適切に輸送（局在化）されるために，各タンパク質のN末端には，**シグナル配列**（signal sequence，**プレ配列**）と呼ばれる，輸送先を指定する数十個のアミノ酸の配列が存在する。この配列は，オルガネラに輸送された後，プロテアーゼにより切断除去されることが多い（なお，明確なシグナル配列をもたないのにミトコ

ンドリアなどに輸送される「例外的な」タンパク質も知られている。また、ミトコンドリアからサイトゾルに移行するタンパク質も存在する)。すなわち、タンパク質の立体構造のみならず、局在化のための情報もアミノ酸配列の中にあるわけである。ミトコンドリアのトランスロコンは、シグナル配列を認識し、透過させるべきタンパク質を選別する受容体機能に加え、疎水的な脂質二重層を透過可能にするための**チャネル**、濃度勾配に逆らってタンパク質を輸送するためのモーター機能を備えた膜タンパク質複合体である。このチャネルは狭いために、タンパク質の透過は容易ではない。タンパク質は完全に(あるいは、せいぜいαヘリックスを残した程度に)ほどけた構造(非天然構造)をとって、狭いチャネルを通過しなければならない。サイトゾル部分のタンパク質が折りたたんだり凝集を起こしたりすると、通過するのはさらに困難となる。また、タンパク質はサイトゾルからオルガネラへ一方向的に通過しないと透過効率が悪くなる。以下に述べるように、分子シャペロンは、ポリペプチド鎖がほどけた状態で、チャネルを一方向的に通過できるように助けている。

ミトコンドリアのマトリックス[†] (mitochondrial matrix) に局在する核コードのタンパク質は、ミトコンドリアの2枚の生体膜、すなわち外膜と内膜の2枚の膜を透過する必要がある。外膜と内膜には、それぞれ**TOM** (translocase of the outer mitochondrial membrane) **複合体**と**TIM** (translocase of the inner mitochondrial membrane) **複合体**と呼ばれるトランスロコンが存在する。TOM複合体は、チャネルを形成するTom40、二つの受容体タンパク質 (Tom70やTom20) などからなる。シグナル配列を有するミトコンドリアタンパク質前駆体は、Tom20受容体と相互作用し、Tom40を透過した後に、TIM23複合体の構成タンパク質と相互作用し、膜透過チャネル (Tim23) を通ってマトリックスに達する。ミトコンドリア内膜の膜電位 (マトリックス側が負) が駆動力となって、正に荷電する (ミトコンドリア局在化) シグナル配列が膜を透過す

[†] ミトコンドリアは外膜、内膜の二重の膜に包まれている。内膜に囲まれた空間はマトリックスと呼ばれる。マトリックスには、クエン酸回路やβ酸化系、鉄-硫黄クラスター生成などに関わる酵素群が存在している。

る。シグナル配列につづくポリペプチド鎖の透過には **PAM**（presequence translocase-associated motor）が必要とされる。内膜の PAM は，6個のサブユニット（Ssc1，Pam18，Mge1，Pam16，Tim44，Pam17）からなるが，そのうちの3個，すなわち Ssc1（Hsp70 あるいは mtHsp70），Pam18（Tim14 とも呼ばれる J タンパク質（J protein），8.4節），Mge1（ヌクレオチド交換因子の一つ，8.5節）は Hsp70 シャペロン系（8.6節）を構成する。Pam18 はタンパク質の膜透過に特化した J タンパク質である。Tim44 は，TIM23 複合体と Ssc1 の双方に結合する。Tim44 は Pam16 を介して Pam18 とも相互作用する。したがって，Tim44 は，Hsp70 シャペロン系をトランスロコンと連結させることで，Hsp70 をチャネル出口近傍に局在化させる。Hsp70 に結合した ATP が加水分解されて ADP 結合型になる（この加水分解反応は Pam18 によって促進される）と，Hsp70 は透過中のミトコンドリアタンパク質前駆体に強く結合するとともに，Tim44 から解離すると報告されている。この Hsp70 シャペロン系は，膜透過するタンパク質に結合し，マトリックス側に一方向的に引き込むモーター（import motor）としてはたらくと考えられている。

　この Hsp70 が関与する引込み機構に関しては二つのモデルが想定され，論争されてきた。これらは，**パワーストローク**（power stroke）**モデル**と**ブラウニアンラチェット**（Brownian ratchet）**モデル**である。前者では，モーター分子自身がコンホメーション変化を起こすことにより直接的に力学的仕事をする。具体的には，Hsp70 が，そのコンホメーション変化（8.3節）を介して「てこ（Tim44 が支点）」のようにはたらき，マトリックスにタンパク質を引き込むというものである。この引込みにより，透過タンパク質のサイトゾル部分のアンフォールディングが引き起こされる。後者のモデルでは，（チャネル出口に位置する）Hsp70 が透過中のタンパク質に結合することで複合体が形成され，狭い穴を透過中のタンパク質の（チャネル内）逆戻りを妨げるために，一方向的な透過が起こると考える。Pierre Goloubinoff ら（2006年）は，ブラウニアンラチェットモデルをさらに発展させた entropic pulling model を提唱した。このモデルでは，エントロピーが（主たる）駆動力となって，内膜のトラ

ンスロコンからマトリックスにタンパク質が移動すると説明している。すなわち，Hsp70 の透過ポリペプチド鎖への結合が及ぼす**排除体積効果**（excluded volume effect）をチャネル出口（内膜近傍）とチャネルから離れた部位で考慮すると，後者のほうが透過ポリペプチド鎖（と Hsp70 複合体）の「乱雑さ」の度合いが増しうるため，透過ポリペプチド鎖はチャネルから離れていくというのである。

　ミトコンドリアのマトリックス側のみならず，サイトゾル側でも Hsp70 は重要なはたらきをする。膜タンパク質の透過に関与する Tom70 受容体は **TPR**（tetratricopeptide repeat，**テトラトリコペプチド反復配列**）ドメインを有する。**TPR モチーフ/ドメイン**は，バクテリア，酵母からヒトに至る生物種において多様な（5000 種以上）タンパク質に見出され，タンパク質間相互作用に関わる。34 個のアミノ酸からなる TPR モチーフは，ヘリックスターンヘリックス構造を形成する。複数個の TPR モチーフが，EEVD 配列[†]（EEVD motif）などに対する結合部位をもつドメインを形成する。Hsp70（Ssa）は，その C 末端の EEVD 配列を介して，Tom70（の TPR ドメイン）と結合し，タンパク質を透過しやすい（折りたたまれずに，ほどけた）状態に保持したり，凝集するのを防いでいると考えられる。なお，上記の Tom20 受容体は EEVD 結合部位をもたない。また，ミトコンドリアに局在する多くのタンパク質の翻訳は，ミトコンドリア外膜（TOM 複合体近傍）で起こることが最近明らかにされてきた。さらに，Ssb（上述のリボソーム結合型 Hsp70）は，新生ミトコンドリアタンパク質の 80% に結合するという報告がある。これらの知見は，ミトコンドリアタンパク質の翻訳から外膜チャネルへの流入においても，Hsp70 が重要なはたらきをしていることを示唆するものである。

[†] サイトゾルの Hsp90 や Hsp70 の C 末端には，それぞれ MEEVD 配列（MEEVD モチーフ）と EEVD 配列（EEVD モチーフ）が存在する。TPR（tetratricopeptide repeat）ドメインはこの配列に結合する。

6.3 タンパク質の分解（死）

真核細胞における主要なタンパク質分解系として，**オートファジー**（autophagy）と**ユビキチン・プロテアソーム系**（ubiquitin-proteasome system）の二つを挙げることができる。これらは，タンパク質の品質管理を行って細胞の恒常性を維持する上で重要なはたらきをする。その重要性は，2004年のノーベル化学賞が「ユビキチンを介したタンパク質分解機構を発見」した3名に授与され，2016年にはノーベル生理学・医学賞が「オートファジーの仕組みを解明」した大隅良典教授に授与されたことによってよくわかる。これらの分解系のはたらきが阻害されると，異常タンパク質が細胞に増加し，タンパク質凝集体が蓄積する（**図6.2**）。なお，酵母では，ユビキチン・プロテアソーム系はサイトゾルや核に観察される。巨大なプロテアソームが，完成体として核膜孔を通過することを示唆する結果が報告されている。オートファジーはサイトゾルに局在している。

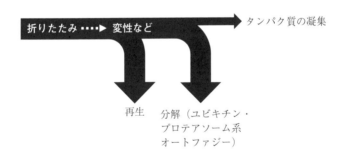

図6.2 タンパク質の品質管理とその破綻

自食作用とも呼ばれるオートファジーは，細胞が自身のタンパク質や細胞小器官などを，動物などの**リソソーム**†（lysosome）あるいは植物や酵母などの液胞に輸送して分解するためのシステムである。オートファジーは，タンパク

---

† 細胞小器官の一つ。タンパク質，多糖・糖鎖，脂質，核酸などを分解するさまざまな加水分解酵素を含み，消化分解作用をもつ。

質凝集塊，損傷・機能不全になったオルガネラ，細胞に侵入した病原体（バクテリア）などの，細胞にとって不要あるいは有害な細胞成分を除去するはたらきをもっている．オートファジーが，クローン病をはじめとするさまざまな炎症性疾患，神経変性疾患，がん，糖尿病など，さまざまな疾患と関係していることが明らかになっている．オートファジーは，**マクロオートファジー，ミクロオートファジー，シャペロン介在性オートファジー**（chaperone-mediated autophagy，**CMA**）に大別されている．マクロオートファジーでは，まずサイトゾルに扁平な膜小胞が現れ，これがサイトゾル成分や細胞小器官などを取り囲んで伸展し，2枚の膜からなる球状体となって閉じる（**オートファゴソーム**が形成される）．つぎに，オートファゴソーム（の外膜）がリソソームあるいは液胞（の膜）と融合して，これらに含まれている各種の分解酵素によって，タンパク質はアミノ酸にまで消化される．ミクロオートファジーでは，リソソームあるいは液胞の膜が自ら陥入してサイトゾル成分を取り込む．シャペロンが介在するCMAでは，Hsp70（HSPA8/HSC70）が，KFERQモチーフ[†1]（KFERQ motif）を露出したタンパク質を認識し，さらに，リソソーム結合膜タンパク質2A（lysosomal-associated membrane protein 2A, lamp2A）と結合する．このリソソーム上の**レセプター**[†2]（receptor）とHsp70を介して，標的タンパク質はアンフォールドされて，リソソームに取り込まれ，分解されると考えられている．

ユビキチン・プロテアソーム系は，短寿命タンパク質，折りたたみ損ねたタンパク質，損傷を受けたタンパク質などの分解を司る．細胞周期，細胞の生存や増殖，**アポトーシス**[†3]（apoptosis）などのさまざまな細胞機能に関与する

[†1] シャペロン介在性オートファジーにおいては，分解されるタンパク質にはKFERQモチーフが存在する．Hsc70は，この5個のアミノ酸からなるモチーフを認識し，このタンパク質のオートファジーによる分解を仲介する．

[†2] **受容体**ともいう．一般的には，細胞膜上や細胞内に存在し，さまざまな生理活性物質（あるいは光）を特異的に認識（受容）し，その作用を伝達し発現するタンパク質のことをいう．CMAでは，lamp2Aが分解されるタンパク質のリソソームへの取込み（受容）に関与するので「レセプター」と呼ばれる．

[†3] 障害による細胞死ではなく，生理的条件下で細胞自らが引き起こす死．

ため，ユビキチン・プロテアソーム系の破綻は，がんや神経変性疾患を含むさまざまな病気の発症と関係する。ユビキチン・プロテアソーム系では，**ユビキチン化酵素**（E1，E2，E3の3種類の酵素から構成される）により，76アミノ酸残基からなるユビキチンがいくつも付加した（ポリユビキチン化された）タンパク質が選択的に分解される。ユビキチン修飾反応の開始を司る役割を担っているのが，E1（ユビキチン活性化酵素）である。E2（ユビキチン結合酵素）はE1から（活性化した）ユビキチンを受けとり，単独あるいはE3（ユビキチンリガーゼ）を介して標的タンパク質へ共有結合させる。E3は，活性化したユビキチンと標的タンパク質の両方に結合し，ユビキチンの付加反応を触媒する。E3は非常に多様化しており，哺乳類では700種類以上あるという。

プロテアソーム（26Sプロテアソーム）は，触媒粒子（core particle，20Sプロテアソーム）の両端（あるいは片側）に調節粒子（regulatory particle，19SプロテアソームあるいはPA700）が会合した巨大（分子量〜2 500 000）で，複雑な（66個のサブユニットからなる）構造を有するATP依存性プロテアーゼあるいはタンパク質分解装置である。タンパク質は，円筒型（樽上）の触媒粒子の内側で，2〜24個のアミノ酸からなるペプチドに分解される。ユビキチン化タンパク質の識別と捕捉は，調節粒子によって行われる。調節粒子はさらに，ポリユビキチン鎖を解離してユビキチンを再生する脱ユビキチン化酵素機能や，基質タンパク質の立体構造を壊して（分解されやすくして）触媒粒子に送り込む機能も有する。ユビキチン・プロテアソーム系においても分子シャペロンが関与している。例えば，E3の一つであるCHIPは，Hsp70やHsp90と相互作用し，シャペロンに結合した（折りたたみに失敗した）タンパク質をユビキチン化する。Hsp70やHsp90は，それらのC末端に存在するEEVD配列を介して，CHIPのTPRモチーフ（6.2節）と結合する。**Bag**（Bcl2-associated athanogene）**タンパク質**はHsp70の**ATPaseドメイン**（あるいは**ヌクレオチド結合ドメイン**，8.3節）に結合してシャペロン作用を調節するヌクレオチド交換因子（NEF）であるが，このファミリーに属するBag1やBag3が，ユビキチン・プロテアソーム系やオートファジーに関与するという報告がある。な

お，プロテアソームのような巨大で複雑な超分子複合体が自然に形成されるとは考えにくいが，実際，プロテアソームの分子集合（assembly）を助けるために特化した，さまざまな分子シャペロンが報告されている。

Ⅱ編 各 論

〈プロローグ〉

　初期のHsp研究（2.2節）からいまに至るまでスポットライトを浴びつづけてきたのが，Hsp70である。Hsp70を含めて，生物種を超えて進化的に保存されている分子シャペロン（ファミリー）には，Hsp60，Hsp70，Hsp90，Hsp100（Hsp104/ClpB），低分子量Hspがある（表5.1参照）。以下の各論では，この順で各シャペロンについて述べる。これらにHsp40を加える場合もあるが，本書ではあくまでもHsp70のコシャペロンとして紹介する。Hsp40は，より広義のJ（ドメイン）タンパク質として理解されるようになってきており，JドメインがHsp70のシャペロン機能の調節に関与することから，Hsp70と一緒に説明することにした。なお，Hspの後につづく数字（60，70，90など）はそれぞれのシャペロン（モノマー）のおおよその（数字を1000倍した）サイズを示している。

　本編では扱わないが，ある種のオリゴマー・複合体の構築に特化した分子シャペロンや，特定の細胞小器官などに局在する，特殊な分子シャペロンも存在する。例えば，すでに述べたように，66個のサブユニットからなるプロテアソームの分子集合（6.3節）や，大サブユニットと小サブユニット，各8個からなるルビスコの構築には，複数種のアセンブリーに特化したシャペロン（5.3節）が必要とされる。また，真核生物の小胞体内腔や大腸菌などのバクテリアのペリプラズム（細胞周辺腔）にも，本書では取り扱わないさまざまな分子シャペロンが存在する。これらの空間は，還元的なサイトゾルとは異なり酸化的な環境であり，ジスルフィド結合などの形成を伴うタンパク質の「酸化的な折りたたみ」が起こる場である。この酸化的折りたたみは，ペリプラズムではDsb（disulfide bond formation）タンパク質，小胞体ではプロテインジスルフィドイソメラーゼ（protein disulfide isomerase, PDI）などによって介助・促進される。小胞体では，膜タンパク質や分泌タンパク質が合成され，ジスルフィド結合の形成のみならず糖鎖修飾なども行われる。レクチンシャペロンであるカルネキシン（calnexin）やカルレティキュリン（calreticulin）は，糖鎖構造を認識して糖タンパク質の折りたたみを助ける。なお，糖鎖と結合するタンパク質はレクチンと総称される。さらに小胞体には，Kazuhiro Nagataにより発見されたプロコラーゲンを特異的基質とするHsp47も局在する。

7. Hsp60/シャペロニン/GroEL

　Hsp60は，生物界の三つのドメインのすべてに存在する普遍的な分子シャペロンである。Hsp60は二つのグループに分類されるが，group I（type I）の大腸菌GroELとヒトのミトコンドリアHsp60には，約50％のアミノ酸配列上の同一性が見られる。このように，Hsp60は進化的に高度に保存されている。大腸菌GroELに関する詳細な構造や機能に関する研究が行われ，分子シャペロン研究を先導してきた。GroELは円筒状の構造をとり，その空洞内部に，非天然構造のタンパク質1分子を閉じ込め，自発的折りたたみを促す。すなわち，細胞における非天然構造タンパク質どうしの相互作用を防ぐためにタンパク質を隔離し，折りたたみを助けるのである。この仕組みは，上記の二つのgroupで保存されている。Hsp60は，リボソームで新規合成されたタンパク質や変性タンパク質の折りたたみのみならず，オルガネラへ輸送されたタンパク質の折りたたみなどにも関与する。さらに，タンパク質あるいは生物の進化や種々の病気にも関与することが明らかになってきた。

7.1 生物種間分布，細胞内局在，二つのサブファミリー

Hsp60/シャペロニン/GroEL は，真正細菌，古細菌，および真核生物の三つのドメインすべてに存在する。ごく一部の例外を除いてこれらドメインのすべての細胞に存在し，必須であると考えられている。その例外として報告されているのが，ブタなどの呼吸器感染症を起こすマイコプラズマ（*Mycoplasma hyopneumoniae*）やヒトの尿道炎などを引き起こすウレアプラズマ（*Ureaplasma urealyticum*）などの細菌で，ゲノム解析で *groE* 遺伝子（*groEL* は，*groES* とオペロンを形成することが多いので，以下これらを *groE* と呼ぶことにする）が見つかっていない。

これらの細菌は非常に小さなゲノム（上記の *U. urealyticum* のゲノムサイズは 892 758 塩基対）をもつ真正細菌で，多くの代謝経路を欠損し，細胞壁すらもたない。多くの遺伝子・タンパク質を失うことで，GroEL が不必要になったのか，あるいはタンパク質が GroEL 非依存の構造に進化したために GroEL が必要とされなくなったのかは不明である。

構造的特徴から，**Hsp60** は，**group I**（あるいは **type I**）シャペロニンと **group II**（あるいは **type II**）シャペロニンの二つに大別される。group I シャペロニン[†]は，真正細菌サイトゾル，ミトコンドリア，葉緑体に存在し，それぞれ **GroEL**，Hsp60，**Cpn60** と呼ばれる。なお，Cpn は chaperonin（シャペロニン）の略称である。Group II シャペロニンは，古細菌や真核細胞のサイトゾルに存在し，それぞれ，**thermosome**，**TRiC**（T-complex protein/polypeptide-1 ring complex，TCP-1 ring complex）あるいは **CCT**（chaperonin containing TCP-1）と呼ばれる（**表7.1**）。なお，group I と group II に属する二つのシャペロニンを有している古細菌（*Methanosarcina mazei*）も存在するが，これは，進化の過程で真正細菌から *groE* 遺伝子を水平伝播により獲得したためで

[†] group I あるいは type I につづけて，「Hsp60」や「GroEL」ではなく「シャペロニン」が付けられることが多いので，ここでも group I シャペロニンと記す。

7. Hsp60/シャペロニン/GroEL

表 7.1　group I および group II シャペロニン

Group (Type)	存在場所	名称
I	細菌のサイトゾル	GroEL/Cpn60
I	葉緑体	Cpn60
I	ミトコンドリア	Hsp60
II	古細菌	Thermosome
II	真核細胞のサイトゾル	CCT/TRiC

はないかと考えられている。

7.2　基　　　質

　Ulrich Hartl ら（1999 年，2005 年）や Hideki Taguchi ら（2010 年）によって GroEL の（細胞）基質の探索と同定が行われた。まず，その方法を以下に短く説明する。GroEL に，その折りたたみを依存し安定化されている（可溶性）タンパク質は，GroEL が存在しないと凝集あるいは分解されると考えられるので，野生株と比較して **groE 遺伝子**変異株（の細胞破砕液可溶性画分）において減少するタンパク質の中に GroEL の基質が含まれる可能性が高い。大腸菌 groE 遺伝子は必須であるために遺伝子を破壊することはできないが，groE 遺伝子のプロモーターをアラビノース[†1]（arabinose）で調節可能な pBAD プロモーターに変えて，培養液へのアラビノース添加の有無で groE 遺伝子発現をオン・オフできるようにした大腸菌株を用いて実験が行われた。アラビノースを除くと，groE 遺伝子の発現は起こらなくなり，細胞の GroEL 量は 90% 以下まで減少した。この細胞の可溶性画分における蓄積量が減少したタンパク質を網羅的に解析（プロテオーム解析）し，GroE 依存性タンパク質が同定された。
　その他の方法として興味深いのは，**GroES**[†2] の C 末端にポリヒスチジン

[†1]　五炭糖（ペントース）に分類される糖の一種。
[†2]　GroEL のコシャペロン。コシャペロンについては，p.24 の脚注を参照。

(His) タグ†1 (tag) を融合した GroES を大腸菌スフェロプラスト†2 (spheroplast) で発現させて，GroEL/GroES-His タグ複合体に捕獲された基質タンパク質を集める方法である。(ADP は存在するが) ATP が存在しないと，GroEL の円筒状リングの「ふたをする」GroES が，GroEL から解離しない (7.3.3項)。GroEL を ADP 結合状態に維持し，GroEL の基質をその円筒状リング内にトラップするために，スフェロプラストの破砕などはヘキソキナーゼとグルコース存在下で行われた。ヘキソキナーゼは，ATP のリン酸基をグルコースに転移させるが，その際に ATP は ADP になる。グルコースを十分加えると，ATP を除くことができる。GroEL/GroES-His タグ複合体を Ni^{2+} が配位した担体 (ビーズ) を用いて集め，これに捕獲されたタンパク質が同定された。

このようにして同定されたタンパク質が GroEL の基質であるかどうかの確認は，グアニジン塩酸†3 で変性させたタンパク質が GroES/GroEL 依存的に折りたたむか，あるいは無細胞タンパク質合成系で合成されたタンパク質が，GroES/GroEL 存在下でのみ正しく折りたたんで可溶化するかどうか (活性をもつかどうか) などを調べることで行われた。

上記のようにして大腸菌 GroEL の基質が網羅的に明らかにされた。その結果，GroEL は大腸菌総サイトゾルタンパク質 (～2 400 種類) の～10% (～250 種類) の折りたたみに関与していることがわかった。これらのタンパク質の中には，他の分子シャペロン，すなわちトリガー因子と DnaK/DnaJ/GrpE シャペロン系 (6.1節と8章 参照) によって，その折りたたみの介助が代替されるものとそうでないものが含まれる。トリガー因子と DnaK 存在下でも，GroEL に依存するタンパク質はサイトゾルタンパク質の～3% (60～85 種類) を占める。その中には，アミノ酸・糖などの代謝や二次代謝経路に関与するものや，大腸菌

---

†1 タグは，一般的には「札，ラベル」という意味。ここでは，例えば「ヒスタグ」と呼ばれるタグは，～6個の連続するヒスチジン残基からなるペプチドである。ヒスチジン残基のイミダゾール基は，ニッケルイオンなどの錯体と強く結合する。
†2 細胞壁を酵素処理で部分的に取り除いたもの。
†3 グアニジン $(NH_2)_2C=NH$ の塩酸塩。強力なタンパク質変性剤。

の増殖・生存にとって必須のタンパク質（酵素）が含まれる（～13 種類）。これらは S-adenosyl methionine synthetase（分子量 42 000）や dihydrodipicolinate synthase（分子量 31 000）などである。GroEL 依存のタンパク質はどれも（折りたたみ途中で）著しく凝集しやすいタンパク質であり，分子量分布を調べると，21 000～68 000 で，そのピークは～40 000 であると報告されている。これは，後述の GroEL/GroES が形成する空洞に収まる分子量の範囲によく一致するという。GroEL の基質にはアミノ酸配列上の類似性は見られないが，ほとんどがホモオリゴマーを形成し，さらに多く（～28%）は TIM バレルドメイン（図 4.4 参照）を有している。このドメインを有するタンパク質がシャペロンの助けを必要とするのは，動力学的にトラップされた，熱力学的に準安定な折りたたみ中間体を蓄積しやすいためではないかと考えられている。これらの新生タンパク質は，トリガー因子と DnaK/DnaJ/GrpE のシャペロン作用を受けたのちに，さらに GroEL/GroES の介助を受けて天然構造に折りたたむものであろう。

なお，group II シャペロニンに属する TRiC（CCT）も，総タンパク質の～10% の折りたたみを助ける。その中には，アクチンやチューブリンなどの細胞骨格タンパク質が含まれる。

7.3 構造と機能

7.3.1 研究の幕開け

Hsp60，特に（大腸菌）GroEL は，その構造や機能に関して分子シャペロンの中で最も詳細に解明されてきた。まず簡単に GroEL 研究の歴史を振り返ってみよう。

Georgopoulos や Tsuyoshi Kakefuda は，バクテリオファージの増殖や形態形成に必要とされる（ファージ遺伝子ではなく）宿主大腸菌の遺伝子を探索する中で，***groES* 遺伝子**と ***groEL* 遺伝子**を発見した（1970 年代初頭）。**バクテリオファージ**（bacteriophage）とは，大腸菌に感染して，その中で増殖し，細

胞を破壊して，さらに他の大腸菌に感染して増殖をつづけるウイルスのことである。「gro」は，バクテリオファージの増殖（grow）と関係する因子（遺伝子）を意味する。Georgopoulos は，ファージ自身のゲノムの情報が限られているため，宿主のタンパク質がその増殖や形態形成に関与しているにちがいないと考えて宿主遺伝子を探索し，groE 遺伝子を見出した。groE 遺伝子が変異するとファージの形態形成異常が生じる。例えば，大腸菌 groE 変異株においては，バクテリオファージ λ や T4 は頭部を形成できなくなる。バクテリオファージ T5 においては尾部の形成が損なわれる。さらに，これらの変異は，宿主である大腸菌の増殖にも影響を与え，変異株は高温感受性（〜43℃で増殖不可能）になることも明らかにされた。これは，この遺伝子のはたらきがファージの増殖や形態形成に限られないことを示すものである。

　GroEL タンパク質は，Roger W. Hendrix によって精製された（1979年）。GroEL は 14 量体の円筒状オリゴマーであり，弱い ATPase 活性を示した。Georgopoulos らは，サプレッサー変異[†]（suppressor mutation）の解析などから，GroES と GroEL が in vivo で相互作用することを示唆する結果を得ていたが，1986年には GroES を精製し，これが六〜八量体を形成しリング状の構造をとること，GroEL と物理的に相互作用し，GroEL の ATPase 活性を阻害することなどを明らかにした。一方，1980年初頭には，Frederick C. Neidhardt や Yura らによって，GroEL や GroES が，大腸菌を熱ショック処理すると誘導される主要な Hsp であることが明らかにされていた。1987年に，既述のように Ellis によって分子シャペロン概念が提唱されると，1989年には Pierre Goloubinoff と George H. Lorimer らによって，さまざまな変性処理で高次構造が壊された光合成細菌 *Rhodospirillum rubrum* のルビスコ（大サブユニットの二量体）が，GroEL，GroES，ATP 存在下で天然の構造に折りたたむことが，*in vitro* で初めて実証された（図 7.1）。

[†] 遺伝子上に起こった変異を抑圧する（表現型が正常になるか，正常にきわめて近いものになる）変異。

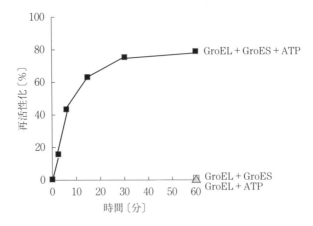

GroEL, GroES および ATP を加えると, 塩酸グアニジンで変性したルビスコが折りたたみ, その活性が回復した。GroESあるいは ATP がないとこの再活性化は観察されない

図7.1　試験管内におけるシャペロン作用の解析

　彼らの研究が契機になって，シャペロン作用機構を生化学的に解析する道が開かれた。ルビスコは，アンフィンセンが実験材料にした**リボヌクレアーゼ**[†]（ribonuclease）のようにシャペロン非存在下で自発的に折りたたむことはなく，その折りたたみは GroEL/GroES と ATP に完全に依存していたのである。1990年半ばには，Paul B. Sigler と Arthur L. Horwich らによって，GroES-GroEL（複合体）の結晶構造解析が行われ，GroEL は7個集まってリング状の構造をとり，その二つのリングが背中合わせに結合した14量体に，七量体の GroES が結合して弾丸状の構造をとることが明らかにされた。このようにして，GroEL のシャペロン機構の詳細が研究されることになった。GroEL 研究が，細胞におけるタンパク質の折りたたみ機構の解明に重要な役割を果たしてきたことは，GroEL 研究において多大な足跡を残してきた Franz-Ulrich Hartl と Arthur L. Horwich が，2011年 の Albert Lasker Basic Medical Research Award を受賞したことによって象徴される。

[†] **ヌクレアーゼ**は核酸分解酵素で，リボヌクレアーゼは RNA を加水分解する酵素。

7.3.2 GroELの構造

group I と group II のシャペロニンの大まかな構造は類似している.以下では,group I シャペロニンに属する大腸菌 GroEL の構造について詳細に述べることにする.

GroEL は,分子量 57 329 のサブユニット 7 個から構成される 7 回回転対称のリングが背中合わせに二つ重なった 14 量体構造をつくり,おのおののリングの中には空洞がある(図 **7.2**).各サブユニットは三つのドメインからなる.**赤道ドメイン**(equatorial domain),**中間ドメイン**(intermediate hinge domain),**頂上ドメイン**(apical domain)である.

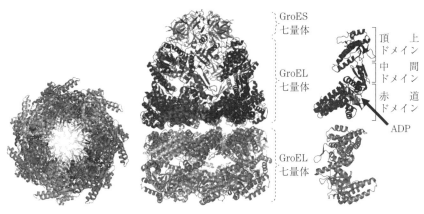

(a) 下から見た図(7個の GroEL がリングを形成し,内部に空洞が生じる)

(b) GroES の七量体が結合した GroEL ダブルリング(横から見た図。上の GroEL リングには ADP が結合している)

(c) 上のリングと下のリングを構成する GroEL サブユニットの構造

図 7.2 GroEL-GroES-ADP 複合体の構造(PDBID:1pcq(Chaudhry ら,2003 年))

赤道ドメインは,N 末端と C 末端の配列,および ATP 結合部位を含んでいる(GroEL は ATP を加水分解する ATPase 活性をもっている).さらに,赤道ドメインは,二重(ダブル)リング構造を構築するために必要とされるリング間接触面を提供する重要なドメインである.頂上ドメインは,中央空洞への入り口を形成し,この入り口(上端)は非天然構造のタンパク質や GroES を結合するための疎水性残基を露出している.中間ドメインは,他の二つのドメイ

ンをつなぎとめるだけではなく，赤道ドメインにヌクレオチドが結合すると大きなコンホメーション変化を起こし，リング中央の空洞（体積）の拡張を導くという重要な役割を果たす。すなわち，赤道ドメインと頂上ドメイン間のコミュニケーションを仲介するのである。

コシャペロニン（補助因子）とも呼ばれる GroES は，分子量 10 387 のサブユニット 7 個からなる蓋状あるいはドーム状の構造をしている（図 7.2 (b)）。GroEL 七量体の空洞の上端に結合することで，GroEL リングの蓋をし，折りたたみチャンバー（「カプセル」あるいは「かご」とも呼ばれる。チャンバーは「小さな部屋」，「室」などの意味）を完成する。この閉鎖された空洞内部の中に，1本の（非天然構造の）ポリペプチド鎖あるいはタンパク質基質が入り，折りたたむ（Clare ら，2009 年）。

7.3.3 GroEL のシャペロン作用機構

GroEL は，新生ポリペプチド鎖や変性タンパク質の凝集を抑え，ATP の結合とその加水分解を介した構造変化を通して，（補助因子である GroES とともに）これらのタンパク質の天然（機能的）構造への折りたたみを助ける。そのシャペロン作用機構の概略は以下のとおりである（**図 7.3**）。GroEL 七量体リ

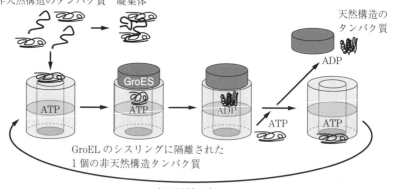

図 7.3 GroEL のシャペロン作用機構（Nakamoto and Kojima，2016 年）

ングの入り口（頂上ドメイン）に，1分子の基質タンパク質が結合し，赤道ドメインに ATP が結合すると，各 GroEL サブユニット（特に頂上ドメインと中間ドメイン）に大きな構造変化が起こり，リングの内径が広がるとともに，リングの幅（高さ）も拡張する．このような構造変化に伴って，リング入り口に GroES との相互作用領域が出現し，GroES（七量体）が結合する．この GroES 相互作用領域と基質相互作用領域とがオーバーラップするため基質がリング入り口から解離し，GroES に蓋をされた閉鎖的空洞の中に落ち込む．基質と ATP の結合により拡大した GroEL リング空洞内（図 7.2 参照）には，分子量 ~60 000 までの（非天然構造の）タンパク質が格納できる．

　上記のように空洞が拡大するに伴い，その内壁の親水性が増す．この物性変化は，疎水性領域を露出した非天然構造のタンパク質と内壁との相互作用を抑える上で重要である．この折りたたみ用ナノチャンバーの中で，他の折りたたみ途中のタンパク質や変性タンパク質との相互作用によって凝集するおそれはなく，非天然構造のタンパク質は天然構造に折りたたむことができる．アンフィンセンが希釈された溶液で観察したように，タンパク質は自発的に折りたたむのである．ただし，この折りたたみのための時間制限がある．基質が格納されたリング（シスリングと呼ばれる）に結合した ATP が ADP に分解される（基質タンパク質が空洞内に落ち込まれてから ~8 秒間）と，以下に述べるように，もう一つのリングと「コミュニケーション」しながら GroES が解離するので，折りたたんだタンパク質はリング外に放出される．ここで，2種類の GroEL-GroES 複合体が報告されている．すなわち，GroEL ダブルリングの一方のみに GroES が結合したものと，GroEL リングのそれぞれに GroES が結合したものである．上記の機構においては，前者のみを考慮した．

　なぜ，GroEL はダブルリングを形成するのだろうか．シングルリングではシャペロン作用は起こらないのだろうか．赤道ドメインのリング間相互作用に関与するアミノ酸が変異したため，ダブルリングを形成できない（シングルリングの）GroEL 変異体では，驚くべきことに，GroES，ADP そして変性タンパク質が，リングから解離しない．すなわち，基質タンパク質は格納されたま

まになる。これは，二つのリング間における「コミュニケーション」がGroELのシャペロン作用にとって重要であることを示している。すなわち，シスリングのATPが分解されてADPになると，他方のリング（トランスリング）にATPと変性タンパク質が結合するようになる。このトランスリングへのATPの結合がアロステリック[†]（allosteric）なシグナルを誘導し，シスリングのADPは解離し，GroESもGroELから解き放たれ，基質タンパク質がリング内から放出される。もし，基質が完全に折りたたんでいない場合は，タンパク質は再び結合して，上記の折りたたみプロセスが繰り返される。なお，二つのGroELリング間での基質の往来は不可能である。その理由は，GroELのC末端側の（安定な構造をとらない）配列は，リングの外ではなく，内側に存在し，「リングの底の穴を」ふさいでいるからである。

「他の折りたたみ途中のタンパク質や変性タンパク質との相互作用によって凝集するおそれがなく，非天然構造のタンパク質は天然構造に折りたたむ」と上に述べたが，GroELリングは，凝集を防ぐための単なる格納庫なのだろうか。いうまでもなく，タンパク質の凝集を阻止する機能は重要であるが，非天然構造タンパク質が準安定な中間状態に動力学的にトラップされないように，**折りたたみのエネルギー地形**（folding energy landscape）をなめらかにすることによって，これらのタンパク質の折りたたみを促進しているのではないかという議論もされている。このような折りたたみの促進は，GroELリング空洞の容積，リング空洞の内壁の負電荷，空洞底から突き出るC末端配列などに依存するという。

上述のGroEL基質の網羅的解析結果は，GroES-GroELリングの閉鎖空間に格納されうるもののみがシャペロン作用を受けることを強く示唆する。しかしながら，分子量が6万を超える（アポ）アコニターゼ（クエン酸回路の酵素でアコニット酸ヒドラターゼとも呼ばれる）は，*in vivo*（大腸菌細胞内）と*in*

[†] ギリシャ語で，他の（異なる）空間（位置）を意味する。アロステリック酵素においては，ある化合物（代謝経路の最終生成物）が，触媒部位（基質結合部位）とは異なる別の部位に結合して酵素活性を調節する。

vitro の両方の折りたたみにおいて，GroEL と GroES を必要とする。アコニターゼと結合した GroEL シスリングに GroES は結合できないが，トランスリングに GroES が結合するとシスリングからアコニターゼが解離するという。また，GroES が共存せずとも，シャペロン作用が観察される場合がある。熱変性したウサギ筋肉乳酸脱水素酵素は，GroES 非存在下で，GroEL と ATP に依存して折りたたむ。最近，Goloubinoff ら（2013 年）は，GroES や ATP の非存在下で，GroEL あるいは TriC（CCT）（7.3.4 項）のリング上部にミスフォールドしたポリペプチドが結合し，アンフォールドして，GroEL/TriC の空洞に格納されずに天然構造にゆっくりと折りたたんで，これらのシャペロニンから解離することを *in vitro* の実験で示した。

7.3.4 TRiC（CCT）や thermosome

1990 年代に入ると，真核細胞サイトゾルに存在する TRiC（CCT，TCP-1）や，古細菌に分類される *Thermoplasma acidophilum* の thermosome や *Sulfolobus shibatae* の TF55（thermophilic factor 55）のアミノ酸配列や立体構造・機能などが，group I シャペロニンと類似していることが明らかになった。例えば，マウスの TRiC（CCT）のアミノ酸配列と group I シャペロニンの配列の間には，〜60％の類似（〜20％同一）性が見られると報告された（1990 年）。さらに，Jonathan D. Trent と Arthur L. Horwich らは，*S. shibatae* の TF55 が，group I シャペロニンと同じように二重リング構造（一つの環状構造当り 9 個の 55 kDa サブユニットをもつオリゴマー）を形成し，ATPase 活性を示し，非天然構造タンパク質と結合することを報告した（1991 年）。なお，TF55 は通常温度（70℃）で培養された細胞内で最も豊富に存在するタンパク質であり，その生合成が熱ショック温度（88℃）でさらに増加する主要 Hsp である。TF55 は真核細胞の TRiC（CCT）と 36〜40％の同一性を示した。ウシ精巣に存在する少なくとも 6 種類（いまでは 8 種類のサブユニットからなることが明らかにされている）の TRiC（CCT）サブユニット（分子質量は 52〜65 kDa）が，970 kDa の 16 量体オリゴマーを形成して GroEL や TF55 と類似の電子顕

微鏡像（リング状構造）を示すこと，また非天然構造タンパク質と結合しその凝集を抑制すること，さらに変性タンパク質の（再）折りたたみを Mg-ATP 依存的に促進すること，が示された（1992年）。group I シャペロニンとは異なり，少なくとも *in vitro* では，TRiC はコシャペロニン非依存的に機能した。*T. acidophilum* の thermosome（1 061 kDa オリゴマー）は相同性の高い（～60% 同一性）2 種類のサブユニット（58, 60 kDa）からなり，TRiC と類似した 8 個のサブユニットからなる二重リング構造を形成した（1995年）。これらのサブユニットのアミノ酸配列は，TF55 や TRiC（CCT）のそれらとも相同性を示した。thermosome は弱い ATPase 活性を示し，非天然構造タンパク質と結合した。

上記のように，group II シャペロニンは，～65 kDa のサブユニットが 7 個から 9 個集まって形成されるリング二つが，それらの背中を介して結合したダブルリング構造をしている（GroEL とは異なり複数種類のサブユニットからなるが，類似のダブルリングを形成する）。作用機序の詳細は異なるが，group II シャペロニンも，基質タンパク質を閉鎖空間の中に閉じ込め，その内部で基質タンパク質の折りたたみを促進するという点で group I と共通している。例えば，group II に属する TRiC（CCT）も，GroEL と同じように開放型と閉鎖型の構造変化をする。しかしながら，基質の格納は，GroES のようなコシャペロニンには依存せず，各サブユニットの頂端から突出した α ヘリックスからなる（内蔵型の）蓋が行う。すなわち，GroES のような別個のタンパク質ではなく，自分自身がもっている突起ドメインが蓋になるのである。

TRiC（CCT）は必須タンパク質であるが，その基質としては，アクチンとチューブリン，テロメラーゼ補助因子 TCAB1，細胞周期調節因子 Cdc20 などを含む～200 種類ものタンパク質が知られている。なお，TRiC（CCT）は，変性したアクチンとチューブリンの再折りたたみを ATP 依存的に促進するが，GroEL などの group I シャペロニンは促進できないと報告されている。

気づいた読者もいるかもしれないが，本節から分子のサイズを「分子質量」でも表す。分子量は分子の相対質量であり単位を付けないが，分子質量は，ダ

ルトン（dalton, 記号は Da）を単位として表す。1 Da は，炭素の同位元素 ^{12}C の 1 原子の質量の 12 分の 1（1.661×10^{-27} kg）の質量である。ある分子 1 個の分子質量は，数値的には分子量と同じである。1 kDa は，1 000 Da である。

7.4　葉緑体シャペロニン Cpn60

葉緑体シャペロニンは group I に属するが，GroEL とは異なり，Cpn60α と Cpn60β と呼ばれる（アミノ酸配列が〜50％同一の）ホモログからなるヘテロオリゴマー（GroEL と同様のダブルリング構造）を形成する。単細胞緑藻であるクラミドモナス（*Chlamydomonas reinhardtii*）には，Cpn60α が 1 種類，Cpn60β は 2 種類存在する。また，シロイヌナズナには，Cpn60α に分類されるものには 2 種類，Cpn60β は 4 種類が存在する。Cpn60α や Cpn60β は葉緑体の分裂や分化などに関与する。そのために，シロイヌナズナ Cpn60α 変異株や Cpn60β 二重変異株はアルビノの表現型を示す。試験管内では，Cpn60α だけで 14 量体のダブルリングを形成することはできないが，Cpn60β と（機能的な）ヘテロ 14 量体を形成する。一方，Cpn60β はホモ 14 量体を形成しうる。精製葉緑体を用いたストロマ[†]（stroma）の（オリゴマー構造を保持したタンパク質の）プロテオーム解析により，葉緑体の中では，ほとんどが αβ ヘテロオリゴマーを形成していることが報告されている。

GroES ホモログとして，Cpn10 と Cpn20 が見つかっているが，非常に興味深いことに，葉緑体に特徴的な Cpn20 は，Cpn10 がタンデムに（1 列に二つ並んだ状態のことで，生化学分野などではよく使われる用語）二つ並んだ構造をしている。試験管内では，Cpn10 と Cpn20 はホモオリゴマー（七量体と四量体）を形成しうるが，葉緑体の中ではヘテロオリゴマーを形成し機能すると考えられている。なぜ，ヘテロオリゴマーを形成するのだろうか。ヘテロオリゴマーを形成することにより，Cpn60 リングの容積や内壁の性質が多様化する

[†] ストローマともいう。葉緑体内部の水溶性部分をいう。炭酸同化や窒素同化，デンプン合成などの場である。

ために，サイズや性質が異なる，さまざまなタンパク質を基質にすることが可能になったのではないかと考えられる。

すでに述べたように，Cpn60 はルビスコ大サブユニットを基質とする（5.1節）。ルビスコアクチベースとも相互作用し，その安定化に寄与する（1.2.2項）ので，Cpn60 は葉緑体の光合成機能にとって重要なはたらきをする。Cpn60 は，葉緑体内に輸送されるさまざまなタンパク質と相互作用する。したがって，葉緑体に輸送されたタンパク質の折りたたみに関与すると考えられる。

7.5 大腸菌以外のバクテリアの GroEL

モデル生物である大腸菌や枯草菌には GroEL は 1 種類しか存在しないが，複数種類の GroEL を有するバクテリアも存在する。例えば，シアノバクテリアには 1 種類の GroEL のみをもつものは存在せず，必ず 2 種類あるいは 3 種類の GroEL をもっている。筆者らは，好熱性シアノバクテリア *Synechococcus vulcanus* の 2 種類の *groEL* 遺伝子をクローニングし，一方は（大腸菌や枯草菌のように）*groES* 遺伝子とオペロンを形成するのに対して，他方はしないことを明らかにし，前者を *groEL1*，後者を *groEL2* と命名した。これらの遺伝子にコードされる二つの GroEL のアミノ酸配列は〜60％同一である。なお，*groES* 遺伝子は，ゲノム上に 1 種類しか存在しない。おのおのの *groEL* 遺伝子をプラスミドにクローニングして，これを高温感受性の大腸菌 *groEL* 変異株に導入したところ，*groEL1* は高温感受性を相補したのに対して，*groEL2* はしなかった。生化学的解析により，GroEL1 は大腸菌の GroEL と同様に 14 量体を形成しうるが，GroEL2 は 14 量体を形成しなかった。遺伝子が破壊可能であることから，GroEL2 は必須ではないが，高温，低温，強光などのストレスに対する順化において重要なはたらきをすることがわかった。一方，GroEL1 は，大腸菌 GroEL と同様に，必須のタンパク質であると思われる。筆者は，GroEL2 は 14 量体を形成しないユニークな GroEL で，通常の生育・生存にとって必須ではないが，ストレス下では，GroEL1 では代替不可能なはた

らきをして（さまざまな環境下で生育するシアノバクテリアの）順化に寄与するのではないかと考えている。

　遺伝子重複によって生じた類似遺伝子（パラログ）の一つが，ごく稀に，**新規機能獲得**（neofunctionalization）をすることがあるという。筆者は，遺伝子重複により生じたシアノバクテリアの GroEL2 は新たな構造と機能を獲得し，シアノバクテリアの進化に貢献してきたのではないかと考えている。一方，葉緑体の Cpn60α と Cpn60β はヘテロオリゴマーを形成して機能することから，これらには祖先遺伝子の機能を役割分担するようになる**機能分化**（subfunctionalization）が起こったのではないかという仮説を提唱した（**図 7.4**）。なお，シアノバクテリアの GroEL1 と GroEL2 が相互作用するという知見は得ていない。

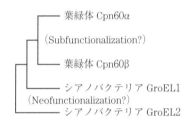

図 7.4　葉緑体 Cpn60 とシアノバクテリア GroEL の進化仮説（Nakamoto and Kojima, 2016 年）

　マイコバクテリアも複数の GroEL を有する。*Mycobacterium smegmatis* の *groEL1* は *groES* 遺伝子とオペロンを形成するのに対して，他の二つの *groEL* 遺伝子はしない。GroEL2 は必須で，GroEL1 は必須のタンパク質ではない。*groEL1* 遺伝子変異株では**バイオフィルム**（biofilm）の形成阻害が観察される。すなわち，非必須の GroEL1 はバイオフィルム形成に必要とされる。バイオフィルムは，微生物の集団・集落・共同体で，固体表面に（ほとんど不可逆的に）付着し，それが多糖類，ポリペプチド，核酸などが含まれる菌体外マトリックスによって覆われているものである。バイオフィルムは，歯周病や嚢胞性線維症などの疾患に関与するが，生活環境の中でも「ぬめり」の要因になっている。バイオフィルムは抗菌剤などから病原菌を守るように作用するため，バイオフィルム内の菌は，浮遊細菌に比べて高い薬剤耐性を示す。バイオフィルム形成は感染症と関係するが，結核菌（*Mycobacterium tuberculosis*）

の *groEL1* 遺伝子変異株は炎症反応を引き起こさないことが,感染症のモデル動物を用いた実験で示されている。

7.6 進化と難病への関与

7.6.1 進化分子工学

進化分子工学とは,天然で行われてきた分子進化の過程(変異→選択→増幅の繰返し)を実験室(試験管)の中で高速化し,高機能で(有用な)タンパク質をつくり出すという技術である。有用タンパク質の創出や既存のタンパク質機能の改変・改良のみならず,生物進化などに関する有用な知見ももたらすテクノロジーとして注目されている。

上記タンパク質の分子進化速度を律速するものの一つが,タンパク質の(不)安定性である。タンパク質の変性についてはすでに述べたが,タンパク質は「**ギリギリの安定性**(small margin of stability)」を有しているといわれる(3.5節)。これが,(進化における)タンパク質の多様な変異を妨げる要因であると考えられている。このために,よりよい機能を与える可能性がある変異をもつタンパク質は,進化の過程で「生き残ることができず」除かれてきたかもしれない。もし,これらのタンパク質を(例えば,以下のような分子シャペロンの高発現によって)安定化できれば,タンパク質の多様性を増大させることができ,有用タンパク質を獲得する可能性が高まると期待される。

Nobuhiko Tokuriki と Dan S. Tawfik(2009)は,PCR 法(error-prone PCR)により,ランダムに変異を導入した基質タンパク遺伝子を IPTG 誘導可能な発現プラスミドにクローニングし,これを GroEL/GroES 遺伝子をクローニングしたアラビノースで発現誘導可能なプラスミドを保持した大腸菌に導入した。アラビノース添加により GroEL/GroES 遺伝子を過剰発現させた後,IPTG 添加で対象となるタンパク質(酵素)の発現を誘導した。比較のために,GroEL/GroES を過剰発現させない大腸菌でも同様の実験を行った。各大腸菌を破砕して活性を測定し,ある閾値以上の活性を有する変異タンパク質を

コードする変異遺伝子を選択し，変異導入を繰り返した．彼らはこのような実験を行い，GroEL/GroES 遺伝子を過剰発現させることで変異における多様性が向上し，変異タンパク質の折りたたみが促進され，さらに触媒効率が（非発現と比べて）はるかに高い，「進化」を遂げた酵素が得られたと報告している．GroEL/GroES を発現させない株においては不溶化する（しやすい）変異タンパク質の安定性（可溶性）が，GroEL/GroES 高発現株では著しく高まった．これは，安定な構造に折りたたみにくいタンパク質が，GroEL/GroES の介助によって折りたたみ，安定化され，「生き残る」ことができるようになったことを示唆するものである．

7.6.2 難　　病

Hsp60/シャペロニンと難病との関係も報告されている．繊毛は細胞の表面に見られる微小管系の細胞器官である．ヒトにおいて繊毛の形成・機能異常は，繊毛病（ciliopathy）と呼ばれる一群の疾患を引き起こす．繊毛病の一つに，**バルデー・ビードル症候群**（Bardet-Biedl syndrome，**BBS**）と呼ばれる先天性疾患がある．BBS に関与するタンパク質の中に，group II シャペロニンに相同性を示すもの（MKKS/BBS6，BBS10，BBS12 の三つ）が存在する．なお，これらのシャペロニン様タンパク質[†1]は，group II シャペロニンのような二重リング状構造や ATP 依存の折りたたみ介助機能はもたないと考えられている．

ポリグルタミン病，パーキンソン病，アルツハイマー病，筋萎縮性側索硬化症などの神経変性疾患は，特定の神経細胞が変性・脱落する進行性疾患である．異常なタンパク質蓄積が共通した病理所見として報告されている．

ポリグルタミン病（polyglutamine disease）は，さまざまな原因遺伝子内の**グルタミン**[†2]（glutamine）に対応するコドンである CAG の「繰返し」配列が異

[†1] シャペロニンと類似の配列をもつが，代表的な（普遍的で進化的に保存された）シャペロニンとは異なる性質をもつと考えられるタンパク質．

[†2] （L型のグルタミンは）タンパク質を構成するアミノ酸の一つ．一文字表記は 'Q'．ポリは重合体を示す接頭語で，すぐ後に出てくる**ポリグルタミン**（polyglutamine）はグルタミンの重合体のことを表している．

常伸長（> 35〜40）するという共通の異常により発症する。この繰返し数と発症年齢が逆相関するという。ハンチントン病，複数種の脊髄小脳変性症，球脊髄性筋萎縮症，歯状核赤核淡蒼球ルイ体萎縮症などのポリグルタミン病が知られている。これらの疾患では，異常伸長したポリグルタミン鎖をもつ変異タンパク質の折りたたみに異常が生じ，難溶性の凝集体が形成されて，神経変性が引き起こされると考えられている。ハンチントン病はハンチンチン（huntingtin），球脊髄性筋萎縮症はアンドロゲン受容体（androgen receptor）などといったように，疾患の種類によって原因遺伝子産物のアミノ酸配列が異なるにもかかわらず，その多くがβシート構造に富んだアミロイド線維と呼ばれる線維状構造をもつ凝集体を形成する。タンパク質の折りたたみ異常や凝集が関係していることから，細胞内のタンパク質の品質管理機構の破綻が発症と関係しているのではないかと考えられるが，実際，group II シャペロニンの TRiC（CCT）が，ポリグルタミンタンパク質の細胞内での凝集を防ぎ，かつ神経細胞死を阻止することが明らかにされている。これらの論文では，RNA 干渉（RNA interference, RNAi）によるノックダウン（標的遺伝子発現抑制）法により，哺乳類細胞の TRiC（CCT）を減少させると，ポリグルタミンタンパク質の凝集体を含む細胞が増加し，神経細胞死も増加すること，反対に，TRiC（CCT）遺伝子を細胞に導入し発現させると，ポリグルタミンタンパク質の凝集と神経細胞死が減少することが報告されている。

　パーキンソン病（Parkinson's disease）は，中脳黒質のドーパミン産生神経細胞の変性脱落を特徴とする。この疾患では，神経細胞内に**レビー小体**（Lewy body）と呼ばれる封入体（タンパク質性凝集物）が蓄積する。140 アミノ酸残基からなる**αシヌクレイン**（α-synuclein）は，レビー小体の主要な構成成分である。αシヌクレイン遺伝子の点変異 A53T は，家族性パーキンソン病の原因となることが報告されている。αシヌクレインは，本来可溶性のタンパク質であるが，その変異や量的変化，あるいはストレスなどが原因となって重合し，アミロイド線維を形成する。TRiC（CCT）は，このαシヌクレイン A53T の線維形成を阻害することが報告されている。

TRiC（CCT）は，がん抑制タンパク質である **p53** の折りたたみを助けるという報告がある。転写因子である p53 は，DNA 損傷などにより引き起こされたストレスで活性化され，さまざまな標的遺伝子の発現誘導を介して，細胞周期の停止を促進し，アポトーシスを誘導する。半数以上のヒトの腫瘍には，p53 遺伝子に変異が検出されるという。したがって，発がんやその進展過程に最も重要な遺伝子であると考えられている。（変異型を含む）p53 の安定性は，TRiC（CCT）や他の分子シャペロンの Hsp70 や Hsp90 によって調節される。

TRiC（CCT）は，p53 以外の発がんやその進展に関与するタンパク質の折りたたみなどにも関与する。**VHL**（Von Hippel-Lindau）**遺伝子産物**はその一つで，低酸素ストレスに対する細胞の適応応答で中心的な役割を果たす転写因子である**低酸素誘導性因子**（hypoxia-inducible factor，**HIF**）**のユビキチン化**（プロテアソームにおける分解，6.3 節）に関与するタンパク質である。腫瘍組織には十分な酸素が供給されない低酸素領域が生じることが知られているが，この HIF の発現量とがんの予後不良に正の相関が観察されている。したがって，VHL 遺伝子は腫瘍抑制遺伝子の一つである。この遺伝子の変異により腎がんや網膜の血管腫などのがんを発症することが知られている。VHL 遺伝子産物はエロンガン（Elongin）B および C と複合体を形成して機能するが，TRiC（CCT）は，Hsp70 と協調的にはたらいて，VHL タンパク質の折りたたみ，および VHL タンパク質が Elongin B/C との複合体を形成するのに必要とされる，との報告がある。

ミトコンドリアの Hsp60 が，アポトーシス，がんや自己免疫疾患に関与するという報告がある。Hsp60 に結合し，その機能を阻害する小分子化合物として，真菌[†]から単離されたミゾリビン（mizoribine），Hiroyuki Osada らが真菌から単離したエポラクタエン（epolactaene），Hiroyuki Nakamura らが合成した carboranylphenoxyacetanilide などが報告されている。

[†] 真菌は細菌ではなく，カビや酵母などを含む真核生物である。

8

Hsp70/DnaK

　Hsp70 ファミリーのメンバーは，一部の超好熱性古細菌を除くすべての生物に存在する。Hsp70 は非常に多様なはたらきをする。すでに述べたように，新生タンパク質の天然構造への折りたたみを助ける（6.1節）。変性タンパク質どうしの凝集を阻止し，再折りたたみを促進する。ミトコンドリアや葉緑体などのオルガネラへのタンパク質の輸送（6.2節）やタンパク質の分解（6.3節）にも重要なはたらきをする。Hsp70 のホモログである原核生物の DnaK は，DNA 複製（開始）に関与する（8.1節）。大腸菌などの熱ショックタンパク質遺伝子の転写に特異的に必要とされるシグマ 32 因子の安定性や活性の調節を行うこと（3.1節）や，真核細胞の熱ショック応答を司る HSF1 の活性を調節すること（3.4節）からわかるように，Hsp70/DnaK は転写調節にも関与する。Hsp70 は小さなタンパク質凝集体の可溶化を促進する。また，タンパク質複合体の解離も助ける。クラスリン被覆小胞は小胞輸送を媒介するが，積み荷分子を選別して小胞が形成されると，被覆（クラスリンから構成されるタンパク質複合体）は，Hsp70 の関与により速やかに除去される（解離する）。この章で詳述するが，このような Hsp70 の多様なはたらきは，J タンパク質（DnaJ や Hsp40 など）やヌクレオチド交換因子（GrpE や Bag1 など）などのコシャペロンとともに行われる。また Hsp70 は，他の分子シャペロン（Hsp60，Hsp90，Hsp104/ClpB，低分子量 Hsp）とネットワークを形成し，協調的にはたらく。

8.1 研究の端緒

　熱ショックにより形成されるショウジョウバエのパフ（heat shock puff）において活性化された遺伝子にコードされる Hsp で，SDS-PAGE により発見さ

れたショウジョウバエの主要 Hsp が，**Hsp70** である（2.2 節）。ヒト HeLa 細胞の Hsp70 が 1982 年には精製されている．2.3 節に述べたように，1980 年代中ごろまでには，ショウジョウバエやショウジョウバエとは系統的に大きくかけ離れている大腸菌の Hsp70 をコードする遺伝子（*dnaK*）の塩基配列が決定されて，これらにコードされるタンパク質の相同性が非常に高いことが明らかにされた．さらに古細菌なども Hsp70 遺伝子をもつことが示され，Hsp70 が進化的に高度に保存された普遍的なタンパク質であることが示された．なお，大腸菌の DnaK とヒトの Hsc70（後述）のアミノ酸配列には，～50％の同一性が見られる．

　Hsp70 遺伝子が多重遺伝子族を形成することや，そのメンバーの中には構成的に発現する Hsp70（Hsc70（heat shock-cognate 70））が存在することから，この Hsp が非ストレス時にも（ハウスキーピングタンパク質として）重要なはたらきをすることが示唆された（1982 年）．酵母の熱ショックで誘導される Hsp70 とそうでない Hsc70 をコードする両遺伝子（これらにコードされる翻訳産物は 97％同一）に同時に変異が入ると，37℃の高温ではコロニーを形成できなくなったことから，Hsp70/Hsc70 が高温耐性と関係することも示された．なお，どちらか一つの遺伝子のみが変異した株は野生株と同様に増殖した．

　Hugh R.B. Pelham らによって，培地中のグルコースの枯渇によって発現が誘導される Grp78 とプレ B 細胞の免疫グロブリン重鎖（H 鎖）結合タンパク質である BiP が，同一のタンパク質で，かつ Hsp70 のホモログであることが明らかにされた（1986 年）．これは小胞体などのオルガネラにも Hsp70 が存在することを示すものであった．免疫グロブリン G（IgG）は 2 本の H 鎖と 2 本の L 鎖（軽鎖）からなるが，Grp78（Bip）は，H 鎖が L 鎖と結合し複合体（抗体）を形成するまで，H 鎖に結合している．「成熟」した抗体には，このシャペロンは結合しない（Linda Hendershot ら，1986 年）．これは，Grp78（BiP）が，すでに述べた（5.1 節，5.2 節）ルビスコ結合タンパク質（葉緑体シャペロニン）と類似の「シャペロン」機能を有することを示すものである．大サブユニット（L）と小サブユニット（S）からなるルビスコホロ酵素（L_8S_8）が形

成される過程で，Lとルビスコ結合タンパク質の複合体が一過的に形成されるが，ルビスコ結合タンパク質はルビスコホロ酵素の成分ではない（図5.3参照）。

　1988年には，小胞体やミトコンドリアへのタンパク質輸送に（サイトゾル）Hsp70が必要であることが発見され（Randy Schekmanら，Günter Blobelら），1990年には，Hsc70のATPaseドメインのX線結晶構造解析が報告された（David B. McKayら）。

　バクテリアの**DnaK**についても，その初期の研究について簡単に述べておこう。*dnaK*遺伝子や（DnaKの補助因子をコードする）*dnaJ*遺伝子は，バクテリオファージの感染/増殖に関与する宿主大腸菌の遺伝子として，Haruo SaitoとHisao Uchidaや，Georgopoulosらによって見つけられた（1977年）。これらの遺伝子名は，バクテリオファージや宿主のDNA複製に関係することに由来する。これらの遺伝子はゲノム上で隣接して存在し共転写されること，それらの変異によって大腸菌が高温感受性になること，も明らかにされた。さらに，ファージのDNA複製に関与する*grpE*遺伝子も同定され（1978年），*dnaK*遺伝子産物（DnaK）がHspタンパク質の一つであることが明らかにされた（1982年）。さらに，Georgopoulosらによって，DnaKタンパク質が精製され，弱いATPase活性をもつことが明らかにされた（1983年）。

8.2　Hsp70/DnaKの生物種間分布，細胞内局在，必須性

　大腸菌にはDnaK，**HscA**（**Hsc66**），**HscC**の3種類のHsp70ホモログ（パラログ）が存在する。DnaKとHscA，DnaKとHscCのアミノ酸配列には，それぞれ〜40％，〜30％の同一性が見られる。これらすべての遺伝子をノックアウトすることができると報告されている。したがって，少なくとも通常の実験条件では，Hsp70ホモログは大腸菌の生存にとって必須ではない。しかしながら，DnaKは高温などのストレス条件下では必須のはたらきをすることが明らかになっている。なお，DnaKの補助因子であるJタンパク質（後述）につい

8.2 Hsp70/DnaK の生物種間分布，細胞内局在，必須性

ても，大腸菌の6種類すべてのJタンパク質が欠失できると報告されている。一方，DnaKとそのホモログが必須であるというバクテリアも存在する。例えば，シアノバクテリア（*Synechocystis* sp. PCC 6803 や *Synechococcus elongatus* PCC 7942）の3種類のDnaKホモログのうち，DnaK2とDnaK3は必須である。これらのシアノバクテリアのゲノムには，～10種類のJタンパク質をコードする遺伝子が存在するが，これらのJタンパク質の中には必須のものが存在する。

出芽酵母には，14種類のHsp70ファミリーメンバーが存在する。サイトゾルや核に，二つのサブファミリー（SsaとSsb）に属する6種類，ミトコンドリアにSscサブファミリーに属する3種類，小胞体にはKar2（哺乳類細胞Grp78（BiP）のホモログ）の1種類，計10種類のHsp70と，非典型的なHsp70が4種類存在する。なお，後者の非典型的なHsp70の4種類のうち，Sse（Hsp110ホモログ）を含む3種類は，Hsp70（Sseの場合，SsaとSsb）のヌクレオチド交換因子としてはたらく。熱ショックによって発現誘導されるKar2とSsc1は，共に生存に必須であることが明らかにされている。高等植物の葉緑体にも複数のHsp70ホモログが存在する。例えば，シロイヌナズナには，Hsp70ホモログをコードする～14種類の遺伝子が存在する。

ヒトには，17種類のHsp70ファミリーメンバーが存在すると報告されている。サイトゾル（や核）には，構成的に発現するHsc70（**HSPA8**）と，熱などのさまざまなストレスによって発現誘導される**Hsp70-1**（**HSPA1A**）や**HSP70-2**（**HSPA1B**）など，ミトコンドリアには**mortalin**あるいは**GRP75**（**HSPA9**），小胞体にGrp78あるいはBiP（**HAPA5**）などが存在する。その他に，Hsp70に近縁で非典型的な**Hsp105**（**HSPH1**）や**Hsp110**（**HSPH2**）が存在する[†]。これらはHsp70のヌクレオチド交換因子としてはたらく。細胞内発現量が高い（～1％）Hsc70（HSPA8）の欠損マウスは胎生致死に陥ることか

[†] Hsc70やHsp70-1などの直後に記した（　）内には，Harm H. Kampingaらの論文（Cell Stress Chaperones. 14:105-111, 2009）で提案されたヒトの各シャペロンの名称を示している。

ら，必須のシャペロンであると考えられている．ストレス誘導性のHsp70-1（HSPA1A）とHSP70-2（HSPA1B）のノックアウトマウスは，発育などは可能であるが，放射線障害や敗血症に対して脆弱になる．小胞体Grp78あるいはBiP（HAPA5）のノックアウトマウスは胎生致死に陥る．なお，Hsp70ファミリーメンバーの中には組織特異的な発現パターンを示すものが存在する．

　Hsp70は核にも存在する．1980年には，複数種のHspが核に存在することや，核に移行することなどがわかっていた．WelchとSuhan（1985年）は，高温処理された細胞の核にHsp70などが局在することを（蛍光）免疫染色法で観察している．これらの結果は，分子シャペロンが核の高温ストレスに関与することを示唆するものである．核にはタンパク質合成を行うリボソームは存在しないので，核タンパク質はサイトゾルで合成されて核に輸送されると考えられるが，この核-サイトゾル間の輸送を担う分子としてインポーティン（importin）などが同定されている．高温などのさまざまなストレス下では，タンパク質の核輸送が抑制されることが知られているにもかかわらず，Hsp70はサイトゾルから核に速やかに移行する．この輸送に関与する運搬体分子は，インポーティンではなくHikeshi（火消し）と命名された分子量〜22 000のタンパク質であることが，理研のShingo KoseとNaoko Imamotoによって発見された（2012年）．Hikeshiの発現が抑制された細胞では，高温に惹起されるHsp70の核内移行が阻害され，対照となる細胞よりも高温耐性（生存率）が低下する．Hikeshiが減少すると，（ストレス後の）核ストレス顆粒の消失も遅延する．これらの結果は，HikeshiとHikeshiを介したHsp70の核内移行が細胞を高温下で防御するために重要であり，Hsp70が高温順化に重要な役割を担っていることを示唆するものである．

　Hsp70やHsp60，Hsp90などのHspは，細胞外にも存在することが明らかになってきた．これらのHspは（分泌）シグナル配列などをもたないにもかかわらず細胞外に放出されるわけであるが，そのメカニズムとして，細胞壊死による漏洩や能動的な（小胞などを介した）分泌によるものなどが報告・提唱され

ている。細胞外に存在する Hsp70（や他の分子シャペロン）は，細胞の中で見られる典型的な（コシャペロンや ATP に依存した）シャペロン作用とは異なるはたらきをするものと想像されるが，ストレス「警報」シグナルとしてはたらき，他の細胞を緊急事態に備えさせる役割を果たしているのではないかと考えられている。

8.3　Hsp70/DnaK の構造と機能

Hsp70/DnaK は，二つの主要ドメインから構成される。これらは，N 末端側の ATP を結合して加水分解する ATPase ドメイン（ヌクレオチド結合ドメイン，～45 kDa），および C 末側にあるペプチド（基質）結合ドメイン（～25 kDa）である（**図 8.1**）。二つのドメインはリンカー†で連結されている。ATPase ドメインは二つの葉（よう，lobe）からなり，おのおのは二つのサブドメインから構成されている（図(b)）。二つの lobe の付け根には，ATP あるいは ADP が結合する深い溝が存在する。このような ATP/ADP 結合ポケットの構造や，ヌクレオチドに対する高親和性が，後述のヌクレオチド交換因子を必要とする

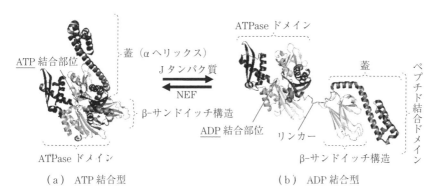

図 8.1　ATP 結合（基質低親和性）型と ADP 結合（基質高親和性）型の DnaK の構造（PDBID: 4B9Q と 2KHO (Kityk ら，2012 年；Bertelsen ら，2009 年)）

---

†　数個から十個を超えるアミノ酸からなる二次構造やドメインどうしをつなぐ構造。

理由かもしれない。ATP に対する $K_m^{\dagger 1}$ 値は，大腸菌 DnaK や酵母 Ssa1 などでは 1 μM 以下と報告されている。また，高等真核生物の Hsp70 などを含めると，K_D 値$^{\dagger 2}$ が 100～500 nM という報告もある。

　ペプチド結合ドメインは二つに分けられる。このドメインの N 末側の部分は，β シートからなる **β-サンドイッチ**（β-sandwich）構造を形成する。このドメインはペプチド（基質）結合部位としてはたらく。C 末側の（～100 個のアミノ酸からなる）α ヘリックスからなる部分は「蓋（lid）」を形成し，ATPの加水分解に伴い，ペプチド結合部位の基質に覆いかぶさり，それを捕捉する（図 (b)）。ペプチド結合部位は，基質の（非天然タンパク質では露出している）～7 個の連続した疎水性アミノ酸に富む（伸びた構造をとる）配列に結合する。ほとんどすべてのタンパク質は，30～40 アミノ酸残基ごとに，Hsp70 が結合しうる配列・部位をもっていると報告されている。さらに，大腸菌 DnaK は～200 種類に及ぶ高温不安定なタンパク質と相互作用するという報告があるので，Hsp70/DnaK には基質タンパク質特異性が存在しないのではないかと想像される。しかしながら，Hsp70/DnaK ホモログの中には，特定の基質のみと相互作用するものがある。例えば，出芽酵母ミトコンドリアのマトリックスに存在する Ssq1（Hsp70）は，J タンパク質である Jac1（DNAJC20）をコシャペロンとして，Isu（鉄-硫黄クラスター生合成マシナリーの構成タンパク質，5.2 節）のみを基質として，鉄-硫黄クラスターの生合成に関与すると報告されている。Ssq1 や Jac1 の遺伝子変異株では，鉄-硫黄クラスターを含むさまざまな酵素の活性が低下する。Ssq1 は一部の菌類のみに存在し，他の真核生物のミトコンドリア（マトリックス）には 1 種類の Hsp70（mortalin あるいは GRP75）しか存在しない。この多機能 Hsp70 が，Jac1（DNAJC20）とともに，鉄-硫黄クラスターの形成に関与する。

[†1] **ミカエリス定数**（Michaelis constant）。最大反応速度の半分の速度を与える基質濃度。酵素と基質の親和性の尺度を表し，K_m 値が小さいほど，その親和性が大きいといえる。

[†2] **解離定数**（dissociation constant）。ここでは，Hsp70 からの ATP の解離しやすさを数値化している。

8.4 Jタンパク質/DnaJ/Hsp40[†]

Jタンパク質の研究の始まりを簡単に述べる。前述（8.1節）したように，（大腸菌の）*dnaJ* 遺伝子は，*dnaK* や *grpE* 遺伝子とともにファージDNA複製に必要とされる宿主側の遺伝子として発見された。*dnaJ* 遺伝子変異株は高温感受性を示すことから，ファージのみならず大腸菌にとっても重要なはたらきをすることが明らかになった。1985年には，Maciej Zyliczらによって，大腸菌 **DnaJ** が精製され，この塩基性タンパク質が二量体を形成することが明らかにされた。Bardwellらは，*dnaK* の下流に存在する大腸菌 *dnaJ* 遺伝子をクローニングし，塩基配列を決定した（1986年）。この *dnaJ* は *dnaK* とオペロンを形成しており，これらの発現はシグマ32因子（3.1節）により制御されている（熱ショックで誘導される）。これらがオペロンを形成することは，DnaKとDnaJが協同的にはたらくことを示唆するものであるが，実際，DnaJがDnaKのATPase活性を促進することや，これらと基質が3者複合体を形成することなどが明らかにされた（～1992年）。また大腸菌DnaJには変性タンパク質の凝集を阻止するシャペロン活性も検出された。

真核生物の **Hsp40** に関しては，Kenzo Ohtsukaらが，熱ショックなどのストレスによって哺乳類や鳥類の細胞に分子質量40 kDaのタンパク質が誘導されることを明らかにした（1990年）。酵母のDnaJホモログであるYdj1やSis1をコードする遺伝子がクローニングされ（1991年），Ydj1をコードする遺伝子の変異によって生育が著しく遅くなることや，Sis1は必須で，Ydj1はSis1のはたらきを代替できないこと，などが明らかにされた。その後，ヒトを含む高等真核生物でもこれらのホモログがつぎつぎと見つけられてきた。以下に述べるように構造は非常に多様化しているが，これらは，Hsp70/DnaKとの相互作用に必要とされるJドメインと呼ばれる共通の機能領域をもつため，Jタンパ

[†] Hsp70/DnaKのコシャペロン。コシャペロンについては，p.24の脚注を参照。

ク質ファミリーに属するメンバーとして分類されるようになった。

8.4.1 構造の多様性・分類

Hsp70/DnaK と比べると，DnaJ やそのホモログのアミノ酸配列相同性は低い。すべてのメンバーに共通して存在するのが，N 末端の〜70 個のアミノ酸残基からなる J ドメインである（図 8.2（a））。J ドメインをもつ J タンパク質は，ドメインや特徴的な配列などに基づいて三つの型（あるいは class）に分類される（図 8.3）。

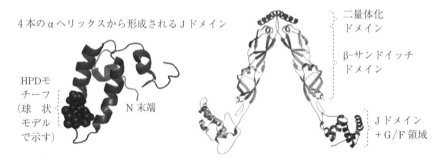

(a) 大腸菌 J ドメインの構造　　(b) DnaJ 二量体の構造

図 8.2 大腸菌 J ドメインと *Thermus thermophilus* 由来の DnaJ（II 型 J タンパク質）二量体の構造（PDBID: 1bq0 と 4J80 (Barnends ら，2013 年)，この J タンパク質は，システインに富んだ領域をもたない）

G/F：グリシンとフェニルアラニンに富んだ領域
Zn：（亜鉛を結合する）システインに富んだ領域
二量体：二量体化ドメイン

図 8.3 J タンパク質のドメイン・領域構造と分類

I型（class I あるいは class A）は，J ドメイン，グリシン[†1]（glycine）とフェニルアラニン[†1]（phenylalanine）に富んだ領域（G/F-rich region），システインに富んだ領域（CxxCxGxG の繰返し配列が存在し，ジンク（亜鉛）フィンガーを形成し亜鉛を結合する），基質が結合すると考えられている β-サンドイッチドメイン，および二量体化ドメインをもつ。多くの研究が行われてきた大腸菌の DnaJ や出芽酵母の Ydj1 はこのタイプに分類される。ヒトの DNAJA1 〜DNAJA4 も I 型 J タンパク質である。II 型（class II あるいは class B）は，J ドメイン，グリシンとフェニルアラニンに富んだ領域，β-サンドイッチドメイン，および二量体化ドメインをもつ。I 型と異なり，システインに富んだ領域をもたない（図 8.2（b））。大腸菌の CbpA や出芽酵母の Sis1 はこれに属す。ヒトには，II 型 J タンパク質が 14 種類（DNAJB1〜DNAJB14）存在する。III 型（class III あるいは class C）には，グリシンやフェニルアラニンに富んだ領域さえ存在しない。大腸菌 DjlA〜DjlC や HscB はこのタイプに分類される。ヒトには，〜30 種類の III 型 J タンパク質（DNAJC）が報告されている。

　J タンパク質，特に II 型や III 型に分類されるメンバーには，構造的・機能的な著しい多様性が見られる。モノマーのサイズが著しく異なっている上に，**単分散**[†2]（monodisperse）の二量体ではなく，DNAJB6（II 型）のように**多分散**（polydisperse）のオリゴマーを形成するものもある。また，小胞体の II 型 J タンパク質である ERdj3（DNAJB11）は，四量体を形成する。四量体形成は，基質や小胞体 Hsp70 との相互作用に必要とされる。J ドメインは，I 型の大腸菌 DnaJ や出芽酵母の Ydj1 では N 末側に位置しているが，中間や C 末側に J ドメインをもつものも存在する。さらに，**膜貫通ドメイン**[†3]（transmembrane domain），TPR ドメイン（6.2 節），**フェレドキシン**[†4]（ferredoxin）**ドメイン**，

[†1] グリシンもフェニルアラニン（L 型のフェニルアラニン）も，タンパク質を構成するアミノ酸の一つ。一文字表記は，'G' と 'F'。
[†2] 単分散は，同じ粒度（分子量）であること。多分散は，広い粒度（分子量）分布を示すこと。
[†3] 生体膜の脂質二重層を横切る（貫通する）ドメイン。
[†4] 分子量が 12 kDa の酸性タンパク質で，鉄-硫黄クラスターをもつ鉄-硫黄タンパク質（5.2 節）。電子伝達体としてはたらく。

ユビキチン相互作用モチーフ（ubiquitin interaction motif, UIM）、あるいは小胞体に局在する ERdj5 のようにチオレドキシン様ドメイン（4.3節）をもつJタンパク質も存在する。ミトコンドリアのタンパク質膜透過に関与する Pam18（6.2節）は、膜貫通領域を有する、ミトコンドリア内膜に局在する必須Jタンパク質である。Pam18 のJドメインはマトリックスに局在する。Jドメインとフェレドキシンドメインを有する DnaJ-Fer タンパク質は、古細菌（*Thaumarchaeota*）、緑藻、植物などに見出されている。UIM をもつJタンパク質については後述する（8.4.3項）。

Jドメインには、Hsp70/DnaK との相互作用に重要な HPD モチーフ、すなわち、ヒスチジン、プロリン、アスパラギン酸（これらの一文字表記は、'H'、'P'、'D'）の3個のアミノ酸から構成される配列が高度に保存されている。大腸菌 DnaJ の場合、Jドメインは四つのαヘリックスから構成される（図8.2）が、2番目と3番目のヘリックスをつなぐループに HPD モチーフがある。Jドメインのこのモチーフが、Hsp70/DnaK の ATPase 活性を促進するために必須である。Jドメインは、Hsp70/DnaK の ATPase ドメインとペプチド結合ドメインをつなぐリンカー部分周辺に結合する。

8.4.2 生物種における多様性

バクテリアに比べて、真核細胞のJタンパク質の種類は著しく多い。大腸菌には6種のJタンパク質が存在するのに対して、出芽酵母には22種、シロイヌナズナ（1.2.2項）に至っては110種を超えるJタンパク質（Patrick D'Silvaら、2009年）が存在する。ヒトの細胞の場合、〜50種のJタンパク質が存在するというが、これらは、サイトゾル、核、小胞体、ミトコンドリアに存在する。すでに述べた Mpp11（酵母 Zuo1 のホモログ）はリボソーム結合型のJタンパク質である。植物の葉緑体にも多数のJタンパク質が存在する。シロイヌナズナの葉緑体には、少なくとも19種類のJタンパク質が存在する。

また、ある同一の生物種・細胞において、Jタンパク質の種類は Hsp70/DnaK の種類に比べて（はるかに）多い。例えばヒトの場合、Hsp110 などの

NEFの機能を有するものを含めて〜17種類のHsp70ホモログが存在するので，Jタンパク質の種類（＞50種）はHsp70の種類に比べて3倍多いことになる。ミトコンドリアや，葉緑体，小胞体でも，Hsp70よりもJタンパク質の種類のほうが多い。大腸菌では，3種類のDnaKに対して，その2倍のJタンパク質が存在する。すでに述べたように，シアノバクテリア（*Synechococcus elongatus*）には，3種類のDnaKに対して，10種類のJタンパク質が存在する。8.6節で述べるHsp70/Hsp40/NEFシャペロン系（シャペロンマシーン）において，Hsp70はエンジン（駆動）部であり，このマシーンを特徴づけている（特殊化している）のはHsp40/Jタンパク質であると，真核生物における分子シャペロン研究の第一人者であるHarm Kampinga博士から直接聞いたことがある。エンジンは同様でも，それを用いて，自動車，オートバイ，飛行機など，機能が異なる多様なマシーンがつくられるのと似ている，とそのとき思った記憶がある。

8.4.3 生理学的・生化学的な機能

DnaJやYdj1は変性タンパク質の凝集を抑制するシャペロン機能をもつ。また，DNAJB6やDNAJB8は，ポリグルタミン（ペプチド，poly-Q peptide）の凝集を阻害する。しかしながら，凝集阻止活性を示さないJタンパク質も存在する。

Jタンパク質は，Hsp70/DnaKやNEFとシャペロン系（マシーナリー）を構成し，タンパク質の折りたたみを助ける（後の8.6節で詳しく述べる）。また，ミトコンドリア内膜のトランスロコンに局在するJタンパク質Pam18は，Hsp70であるSsc1（HSPA9）やNEFであるMge1と輸送モーターを構成して，ポリペプチドをマトリックスに引き込む（6.2節）。このシャペロン系では，Hsp70は輸送されるポリペプチドの疎水性配列に結合し，Jタンパク質はそのATPase活性を促進して基質タンパク質との相互作用を強め，NEFはヌクレオチドと基質の解離を促進する。

Jタンパク質の中には，タンパク質の分解を助けるはたらきをするものが存

在する。例えば、Hsj1（DNAJB2）は、C末側に存在する二つのユビキチン相互作用モチーフ（UIM）を含んでいる。このJタンパク質は、基質の凝集を抑制し、基質に結合したユビキチン鎖が（ubiquitin hydrolaseなどによって）切り出されることがないように守ることで、プロテアソームによる基質認識と分解を促進するのではないかと考えられている。

8.4.4 Jドメイン依存および非依存のJタンパク質の機能

出芽酵母サイトゾルにおいて最も大量に存在するJタンパク質であるYdj1（I型Jタンパク質）をコードする遺伝子をノックアウトすると、生育温度にかかわらず著しい生育阻害を示すようになるが、この変異株に、他のJタンパク質のJドメインのみを発現するだけで、生育阻害が解除される。この「相補」は、Jタンパク質の種類（II型やIII型など）によらず起こる。これは、Hsp70の補助因子として機能する上で、Jタンパク質のJドメインだけで十分であることを示唆するものである。

一方、Hsp70のシャペロン機能とは独立した機能をもつようになったJタンパク質も存在する。例えば、DNAJB6は、細胞におけるポリグルタミンペプチド/タンパク質の凝集を阻止するが、単離精製されたDNAJB6は、Hsp70（HSPA1）やATPに非依存的に、ポリグルタミンペプチド/タンパク質の凝集・線維化を阻害した。この阻止活性はJドメインには依存しないという。一方、DNAJB1はそのような凝集阻止活性を示さなかった。なお、DNAJB1は二量体を形成するが、DNAJB6はより大きなオリゴマーを形成する。

出芽酵母のCwc23は、サイトゾルと核に存在する必須Jタンパク質で、mRNA前駆体のスプライシング[†]（splicing）に関与している（10.5.3項）。ところが、細胞の生存やスプライシングに、Cwc23のJドメインは必要とされない。これらの結果に加えて、Sis1（II型）の欠損が、他のサイトゾルJタン

[†] mRNA前駆体のイントロンが切り捨てられ、エキソンどうしがつながれて成熟mRNAが生成すること（イントロンとエキソンは、DNAのそれぞれアミノ酸配列情報をもたない部分ともつ部分、10.5.3項）。

パク質の大量発現では相補されないことなども，Jドメイン以外の領域が重要なはたらきをすることを示している。

8.5　ヌクレオチド交換因子（NEF）/GrpE

8.5.1　GrpE の構造と機能

大腸菌 **GrpE** は，197 アミノ酸残基からなる分子量 21 798 のタンパク質で，DnaK のシャペロン作用におけるコシャペロンとしてはたらく[†]。GrpE は，α ヘリックスからなる二量体化ドメインと，β ストランドからなる β-domain からなる。2 個の GrpE の各 α ヘリックスがまっすぐ伸びてホモ二量体を形成し，β-domain は羽のように（二量体の）両横に飛び出し，DnaK との相互作用を仲介する（**図 8.4**）。GrpE 二量体の片方の β-domain が，DnaK の ATPase ドメインと相互作用して（ヌクレオチドに対する親和性を低下させ），ヌクレオチ

図 8.4　GrpE ホモ二量体と DnaK ATPase ドメインの複合体（PDBID: 1DKG（Harrison ら，1997 年））

[†] NEF は Hsp70 のコシャペロンである。コシャペロンについては，p.24 の脚注を参照。

ドの交換を早める。大腸菌の GrpE は，DnaK からの ADP の解離を〜5 000 倍にまで促進するという。

8.5.2 温度による機能調節

興味深いことに，大腸菌の GrpE 機能は，温度で調節される。高温では，その構造が（可逆的に）変化して，ヌクレオチド交換機能が低下する。その結果，DnaK は基質に対する高親和性を示す ADP 結合型コンホメーションに維持されるため，基質は DnaK に結合したままになり凝集を免れる。高温変性条件下で，ADP と ATP の交換が起こり基質の解離が起こると，基質は（再び）変性してしまうので，この調節は生理学的に意味があるかもしれない。

8.5.3 さまざまなヌクレオチド交換因子（NEF）と機能

バクテリアは，1種類の GrpE をもち，大腸菌やシアノバクテリアなどでは必須のタンパク質である。ミトコンドリアや葉緑体には GrpE が存在する（葉緑体のものは CGE と呼ばれる）が，真核細胞サイトゾルや小胞体には GrpE ホモログが存在しない。しかしながら，真核細胞サイトゾルと小胞体には，たがいの構造に相同性が見られない三つの**ヌクレオチド交換因子（NEF）ファミリー**，すなわち **Bag ドメインタンパク質ファミリー**，アルマジロリピート（Armadillo repeat）構造を有する **HspBP1/Sil1**，Hsp70 と類似のドメイン構造を有する **Hsp110（Hsp105）/Grp170（ORP105）**などを含むファミリーが存在する。Bag ドメインは，〜85 アミノ酸からなり，Hsp70 の ATPase ドメインと相互作用する。HspBP1 と Hsp110 はサイトゾルに存在する。それに対して，Sil1 や Grp170 は，小胞体内腔に局在する NEF である。どの NEF も，Hsp70/DnaK の ATPase ドメインと相互作用する。

興味深いことに，Hsp110 は，Hsp70 と協調して（タンパク質凝集塊の）脱凝集を行う。さらに，Hsp110 や Apg-2（ヒトのサイトゾル Hsp110）が変性タンパク質の凝集を抑制し，Hsp70 と同様に，ATP 依存的に変性タンパク質の再折りたたみ（*in vitro*）を行うと報告されている。Hsp40 は，この再折りた

たみ反応を促進する。

　出芽酵母には，Sse1とSse2（Hsp110のホモログ），Fes1（HspBP1/Sil1のホモログ）が存在する。Sse1は新規に合成されたタンパク質の折りたたみに関与する。Sse1をコードする遺伝子の欠失や大量発現により生育阻害が起こる。これは，細胞におけるHsp70とNEFの濃度比が適切でないと，Hsp70のシャペロン機能や細胞機能が低下することを示唆している（図8.6参照）。Fes1の遺伝子欠失により，細胞は高温（37℃）感受性を示す。この変異株の細胞では，ルシフェラーゼ（分子シャペロンの基質タンパク質）の折りたたみ不全が観察されたが，37℃で培養された変異株の細胞抽出液を解析すると，ルシフェラーゼにはSsa1（Hsp70）やYdj1（Hsp40）が結合していた。これは，Fes1がSsa1やYdj1とシャペロン系を構成していて，Fes1によるヌクレオチド交換反応が起こらないと，基質（ルシフェラーゼ）の解離が起こらないことを示唆しているのかもしれない。

　なお，ヌクレオチド交換反応を調節する**Hip**（Hsp70-interacting protein）と呼ばれる補助因子も存在する。HipはHsp70のADP型を安定化して（ADPの解離を遅延させて），基質タンパク質の解離を遅らせる。HipはATPaseドメインと相互作用するが，HipとNEFは，Hsp70への結合において相互排他的にはたらく。

8.6　Hsp70/DnaK シャペロン系のシャペロン作用

8.6.1　非天然構造タンパク質（基質）の折りたたみ機構

　Hsp70/DnaKは，非天然構造あるいは変性タンパク質（基質）との結合と解離を繰り返すことで，タンパク質の折りたたみを助けると考えられている。Hsp70/DnaKは，前述したように，天然構造では露出していない疎水性に富む領域を認識して，基質タンパク質と結合する。基質が天然構造へ折りたたむには，Hsp70/DnaKから解離する必要があるが，以下に述べるようなメカニズムで基質は解離し，天然構造に自発的に折りたたむ。もし完全に折りたたむこと

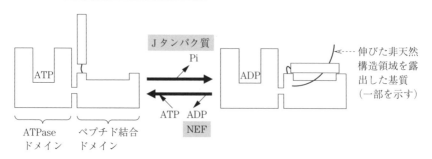

図 8.5 Hsp70/DnaK とコシャペロン（J タンパク質と NEF）によるシャペロン作用機構

ができなければ，基質は Hsp70/DnaK と再結合し，Hsp70/DnaK への結合と解離のシャペロンサイクルが繰り返される（**図 8.5**）。

　基質の結合解離は，Hsp70/DnaK への ATP の結合とその加水分解によって調節される。Hsp70/DnaK は，ATP 結合型と ADP 結合型で著しく異なるコンホメーションをとり，これらのコンホメーションの基質に対する親和性は顕著に異なる。ATP 結合型では，ペプチド（基質）結合ドメインの C 末側に存在する α ヘリックスからなる「蓋」が開いた状態（図 8.1（a））にあり，基質とペプチド結合ドメインとの結合と解離（オンとオフの速度）は共に速く，基質に対する親和性は低い（ADP 結合型に比べて 10〜50 倍程度親和性が減少する）。しかし，ATP が加水分解されて ADP になり ADP 結合型になると，この蓋が閉じて（図 8.1（b）），基質の結合と解離が共に遅くなり，基質との親和性は高くなる。すなわち，ATP 結合型コンホメーションで基質を受容し，(Hsp70/DnaK には ATPase 活性があるので) ATP が加水分解されて ADP 結合型になると，基質との結合が安定化される。再び ATP 結合型に転じると，基質は解離する。注目すべきは，ATPase ドメインとペプチド結合ドメインの間の「アロステリックなコミュニケーション」が，Hsp70 のシャペロン作用に必要であるということである。

　Hsp70/DnaK への ATP の結合と加水分解は，コシャペロン（NEF/GrpE と J タンパク質）によって制御される。Hsp70/DnaK の ATPase 活性は，概して著しく低く（〜0.3 min^{-1} 以下），そのために ATP 結合型と ADP 結合型コンホ

8.6 Hsp70/DnaK シャペロン系のシャペロン作用

メーションの遷移反応は遅い。ATPase 活性は基質の結合によっても上昇するが，（Hsp70/DnaK のシャペロン作用が起こるには）通常，Hsp40/DnaJ/ J タンパク質によって十分促進される必要があると考えられている。

　大腸菌の DnaJ は DnaK よりもアンフォールドした基質に対する親和性が高いために，基質はまず DnaJ によって捕獲される。この結合によって，非天然構造の基質の凝集は抑制される。つぎに，基質を結合した DnaJ は，その J ドメインを介して DnaK と相互作用する。DnaJ により DnaK の ATPase 活性が促進されて，DnaK に結合した ATP は ADP に加水分解され，基質は ADP 型コンホメーションをとった DnaK にしっかりと結合する。すなわち，大腸菌 DnaJ は基質を DnaK に引き渡す（リクルートする）とともに，基質と DnaK の複合体を安定化する。真核細胞の Hsp40（J タンパク質）も同様に作用すると考えられている。ただし，J タンパク質によっては，基質タンパク質に対する親和性が低いものも存在し，この場合には基質タンパク質は J タンパク質を介さないで，Hsp70/DnaK と直接相互作用するものと考えられる。

　NEF は ADP の解離を促進する。細胞における無機リン酸の濃度が高いことや，Hsp70/DnaK のヌクレオチドに対する親和性が比較的高いことから，ADP の解離が妨げられ，NEF が必要とされるのではないかと考えられる。通常，細胞では ATP のほうが ADP よりも高濃度で存在するため，ADP が解離すると（ヌクレオチド結合部位に）ATP が結合し，（ADP と ATP の）ヌクレオチド交換が起こりうる。すでに述べたように，Hsp70/DnaK が ATP 結合型になるとタンパク質基質は解離しやすくなる。このように，NEF は DnaK/Hsp70 からの基質解離を促進するのである。

　Hsp40/DnaJ/J タンパク質や NEF の濃度が適切でないと，Hsp70/DnaK のシャペロン機能に障害が生じる。例えば，DnaK/DnaJ に対して GrpE の濃度が高くなりすぎると，*in vitro* の折りたたみ効率は減少する（**図 8.6**）。細胞内でも，DnaJ あるいは GrpE のみを大量発現させることにより，DnaK のシャペロン活性が減少すると報告されている。

122　8.　Hsp70/DnaK

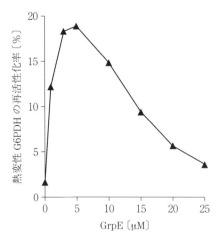

5 μM DnaK，10 μM DnaJ と異なる濃度の GrpE を含む反応液における熱変性 G6PDH（0.25 μM）の折りたたみ反応（再活性化）を解析した（Fujita and Nakamoto，未発表）。

図 8.6　DnaK と GrpE の量比が変性タンパク質の折りたたみ反応に及ぼす影響

8.6.2　複合体の会合や解離への関与

　Hsp70/DnaK シャペロン系は，タンパク質複合体（タンパク質以外の構成物質が含まれる場合もある）の構築や（複合体からの構成タンパク質などの）解離に関与している。

　大腸菌 DnaK/DnaJ は，複製開始複合体の（複製を阻害する）λP タンパク質を不安定化し，DNA ヘリカーゼ[†]である DnaB の活性化を引き起こし，DNA 複製の開始に関与する。**60S リボソームサブユニット**（大サブユニット）の生合成（組立て）は，多くの非リボソームタンパク質に依存している。Jjj1（DNAJC21）は，このようなタンパク質の一つとして，60S リボソームサブユニットの生合成の最終段階に関与している（プレ 60S リボソームからの Arx1 の解離を促すと考えられている）。Hsp70 である Ssa（HSPA8）と J タンパク質である Auxilin

---

[†]　DNA の二本鎖をほどく（巻戻す）ものを DNA ヘリカーゼ，RNA の二次構造をほどくものを RNA ヘリカーゼと呼ぶ。

あるいは Swa2（DNAJC6）は，被覆小胞からのクラスリン[†1]（clathrin）の脱離（uncoating）に必要とされる。

これらのシャペロン作用が，先の 8.6.1 項で述べたものと異なるのは，Hsp70/DnaK や J タンパク質が，天然構造の基質を標的としているように見えることである。すなわち，天然構造に折りたたまれて複合体を形成している特定のタンパク質を標的として，例えば，（それを不安定化し）複合体からの解離を促進している。Ellis の定義（5.3 節，5.4 節）にもあるように，分子シャペロンは，他のポリペプチド鎖の折りたたみのみならず，オリゴマーなどの解離・会合にも関与するのである。

8.7　難病，阻害剤と薬

8.7.1　がんの Hallmarks[†2]，がんなどの難病への関与

分子シャペロンは，細胞のタンパク質の品質管理・恒常性維持に重要な機能を果たすことで細胞や生体にとって有益なはたらきをするが，生体に発生したがん細胞の増殖や生存を支えて，その生体にとって有害なはたらきもする。すでに，group II シャペロニンのがん発症への関与について述べたが（7.6.2 項），代表的な分子シャペロンである低分子量 Hsp，Hsp70，Hsp90 などが，がんの進展を助けているという報告が数多くある。ここでは，Hsp70 のがんへの関与について紹介する。

がんは，生体（細胞）の制御機構から逸脱して無秩序な増殖をするという特徴をもつことは，一般的によく知られている。このようにがん細胞ではさまざまな調節が異常になっているものと想像されるが，実際，がん細胞では正常な

[†1] エンドサイトーシス（細胞膜の陥入による物質の取込み・輸送）などにおける輸送小胞の被覆（コート）をつくる主要なタンパク質で，多数集まってかご状構造を形成する（https://pdbj.org/mom/88）。

[†2] 一般的には，「極印」を意味する。Hanahan, Weinberg らは，'hallmark' を，がん細胞ががん細胞として生存するための戦略に用いる，主に 6 種類の特性を呼ぶのに用いている。すなわち，すべてのがん細胞は共通して，正常細胞がそれらの特性を段階的に獲得することでがん細胞になるという考え方である。

分化や増殖に必要なシグナル伝達制御機構が破たんしている。このような破たんには，がん遺伝子の高発現，がん遺伝子の機能獲得突然変異（gain of function mutations），がん抑制遺伝子の機能喪失（型）突然変異（loss of function mutations）などが関係している。増量したプロテオーム（細胞・生体に発現するすべてのタンパク質）を管理し，変異して折りたたみが難しくなり不安定になった発がんタンパク質の「世話をする」ためには，より多くの分子シャペロンが動員されると想像される。実際，さまざまながん細胞でHSF1や低分子量Hsp，Hsp70，Hsp90などの分子シャペロンが高発現していることや，それらの高発現と，がんの悪性化や抗がん剤耐性の間に関係があることが明らかにされてきた。分子シャペロンががんの生存に深く関わっていることは，例えば，Hsp90の特異的阻害剤が，さまざまながん遺伝子産物の分解を惹起し，がん細胞株の増殖を抑制すること，また実験動物における腫瘍縮小効果を示すことなどから支持される。

がん（であること）は以下の六つの特性（能力）で「認証」される（HanahanとWeinberg，2000年，2011年）。それは，(1) 増殖シグナルの維持，(2) 増殖抑制からの回避，(3) 細胞死への抵抗，(4) 無制限な複製による不死化，(5) 血管新生，(6) （細胞）浸潤と転移，である。これらへのHsp70の関与について以下に記す。

すでに述べたが，p53は，最も重要ながん抑制因子の一つで，DNA損傷に応答して，細胞増殖停止やアポトーシスを仲介する。Hsp70，TRiC（CCT），Hsp90は，変異したp53と物理的に相互作用し安定化することでがん化に関係する。本来の機能を失った変異p53の安定化が，先の(2)や(3)に関係しているのかもしれない。

Hsp70，Hsp90と低分子量Hsp（Hsp27）は，細胞死シグナル伝達経路の鍵となるタンパク質と相互作用し，多段階でアポトーシスを抑制することが明らかにされている。すなわち，これらの分子シャペロンは，細胞死に対する抵抗性を高めている（上記の(3)）といえる。例えば，Hsp70はApaf-1（apoptotic protease enzyme-1）と相互作用し，機能的なアポトソーム（apoptosome）の

構築（アセンブリー）を妨げる。アポトーシスはミトコンドリアを介して誘導される。ミトコンドリアからサイトゾルにシトクロム c[†1]（cytochrome c，アポトーシス制御因子の一つ）が流出し，プロカスパーゼ-9[†2]（pro-caspase-9）やApaf-1 とアポトソームを形成し，カスパーゼ-3 を活性化する。カスパーゼ-3 の下流では，アポトーシスを実行するタンパク質が活性化される。したがって，Hsp70 は Apaf-1 と相互作用して，アポトーシスを阻害するわけである。

また，Hsp70 は，p53 依存性および非依存性の細胞老化を阻害することが報告されており，細胞の不死化にも関与している（上記の (4)）。さらに，Hsp70 のノックアウトにより，がん細胞の浸潤と転移が抑制されたという報告もある（上記の (6)）。

神経変性疾患（7.6.2 項）は，ある特定の原因遺伝子が変異することで，その産物が神経細胞内外で凝集体を形成することにより発症すると考えられている。Gen Sobue ら（2000 年，2003 年）は，培養細胞系やモデルマウスにおいて，球脊髄性筋萎縮症の原因タンパク質であるアンドロゲン受容体（の断片）の凝集が，Hsp70（と Hsp40）の高発現によって抑制されることや，マウスでは疾患症状の改善や生存率の向上が見られると報告している。分子シャペロンの高発現によって，原因タンパク質の分解が促進されるからではないかと考察されている。

最後に J タンパク質や NEF と病気の関係について簡単に述べる。J タンパク質の一つである Sil1 をコードする遺伝子の変異は，難治性疾患の一つであるマリネスコ・シェーグレン症候群（Marinesco-Sjögren syndrome）を引き起こすことが知られている。マウスにおける Bag3 の変異は筋疾患を招き，ヒトでは，Bag3 異常症が知られている。Bag5 が過剰発現すると，E3 ユビキチンリガーゼ（6.3 節）の一つである Parkin（パーキンソン病の原因遺伝子産物）の活性が低下し，パーキンソン病を発症するという。嚢胞性線維症の原因タン

[†1] シトクロムは，チトクロムあるいはチトクロームなどともいう。ヘムタンパク質（金属タンパク質）の一つで，電子伝達系の構成成分である。
[†2] プロカスパーゼは，細胞死の実行に関係するカスパーゼの前駆体（不活性型）である。

パク質である **CFTR**（cystic fibrosis transmembrane conductance regulator）の折りたたみ・成熟には，Hsp70，Hsp105 や HspBP1 が関与し，その分解には，Bag1 が CHIP とともに関与する（6.3節）。Hsp105 が，ポリグルタミン病，筋委縮性側索硬化症，がん，脳虚血など種々の疾患の発症に関わり，治療標的になりうると報告されている。なお，J タンパク質の一つである HLJ1/DNAJB4 が，がん抑制因子であるとの報告もある。

8.7.2　阻害剤と薬の探索や開発

前項（8.7.1項）を背景に，Hsp70 あるいは Hsp70 シャペロン系を標的とした抗がん薬や難病治療薬の開発が進められている。Hsp70 の ATPase ドメインに作用する化合物として，**MKT-077**（カチオン性ローダシアニン色素の一つ），**VER-155008**（ATP・アデノシン類似物質），**MAL3-101** などが報告されている。Renu Wadhwa ら（2000年）により mortalin（ミトコンドリア局在 Hsp70）と結合することが明らかにされた（抗がん作用を示す）MKT-077 は，mortalin と p53 との相互作用を阻害する。mortalin と結合して不活性化状態に置かれた p53 が，MKT-077 により mortalin から解離させられると活性化するため，がん細胞の増殖が抑制されると考えられている。VER-155008 は，Hsp70 の ATPase ドメインの ATP 結合ポケットを ATP と競合する。この化合物は，がん遺伝子産物（Raf-1 や HER2 など）を不安定化することや，アポトーシスを活性化することなどが知られている。MAL3-101 は，Hsp70 と J タンパク質の相互作用に影響する。

一方，ペプチド結合ドメインに結合する化合物としては，**PES**（2-phenylethynesulfonamide, **pifithrin-μ** とも呼ばれる）や **novolactone** などが知られている。興味深いことに，PES は，ストレス誘導性の Hsp70（や DnaK）には結合するが，Hsc70 には結合しない。この化合物は，Hsp70 とコシャペロン（Hsp40，Bag1M や CHIP）や基質（Apaf-1 や p53）との相互作用を阻害し，PES を投与されたモデルマウスのがんの進展は抑制され，生存率が向上したと報告されている。がん細胞では，HSF1 が高発現している。その

ためにHsp70やHsp90などの分子シャペロンが高発現するものと考えられる。通常の細胞でもHsp70やHsp90が重要なはたらきをすることを考えると，誘導性の分子シャペロンのみを標的とする化合物は，そうでない化合物よりも「副作用」が少ないかもしれない。なお，Hsp70に特異的に結合すると報告されてきたapoptozoleに関しては，Hsp70に結合しないという報告もある。

　上記のMKT-077は，リン酸化タウ（tau）タンパク質の蓄積を阻害する。また，Hsp70のATPase活性の阻害剤であるCE12は，poly-Qの凝集を促進する一方で，その細胞毒性を弱めること，また，MAL3-101と同じく，ジヒドロピリミジン類の一種であるSW02はATPase活性を促進するが，poly-Qの毒性を強める一方で，その凝集を阻害することなどが報告されている。

9

Hsp90/HtpG

　Hsp60 や Hsp70 と同じように，Hsp90 は ATP 依存性の分子シャペロンである。細胞および試験管レベルの実験で，ATP 結合とその加水分解が Hsp90 の機能にとって必須であることが示されている。Hsp60 と異なり，Hsp90 の基質のサイズには明らかな上限があるわけではない。Hsp70 のように伸びた短い構造を基質の特徴として認識するわけではなく，ある程度折りたたまれた構造を認識すると考えられている。その構造は，Hsp60 のような空洞をもつダブルリング構造ではなく，Hsp70 のような単量体でもなく，二量体である。非常に多くの翻訳後修飾（リン酸化，アセチル化，S-ニトロシル化など）部位をもち，これによってシャペロン機能や薬剤感受性などが変化する。真核細胞サイトゾルの Hsp90 のはたらきにとって必要欠くべからざるものがコシャペロンである。GroEL は GroES，Hsp70/DnaK は Hsp40/DnaJ/J タンパク質と NEF/GrpE というコシャペロンをもつが，Hsp90 には，はるかに多様なコシャペロンが存在する。

　タンパク質基質（**クライアント**と呼ばれる）も実に多様である。例えば，プロテインキナーゼなどの細胞増殖や分化に重要な役割を果たすシグナル伝達分子，**ステロイドホルモン受容体**や**熱ショック因子 HSF1** などの転写因子，染色体のテロメアを維持し細胞増殖などに必要とされる**テロメラーゼ**などが挙げられる。Hsp90 のクライアントは，がん，神経変性難病，囊胞性線維症などの難病に関係する。そのために，疾患の治療標的になっている。また，Hsp90 はクライアントを不安定化する変異を「緩衝する」ことによって，生物進化やがん細胞の「進化」における重要な役割を果たしていると提唱されている。

9.1 研究の端緒

　Ira Pastan らは，動物細胞の培地のグルコースを除くと（グルコース飢餓により）分子量 95 000 のタンパク質が誘導されることを見つけ，これを GRP-95（Grp94）と命名した（1977 年）。ニワトリにがんを生じさせるラウス肉腫ウイルス（Rous sarcoma virus）から見出された（最初の）がん遺伝子 v-*src* の産物 pp60$^{v\text{-}src}$（v-Src，分子量約 6 万のチロシンキナーゼタンパク質）と **Hsp90** が複合体を形成することが 1981 年にはわかっていた。また同年には，ショウジョウバエの Hsp83 をコードする遺伝子の一部の塩基配列が決定された。1982 年にはヒト HeLa 細胞の Hsp90 タンパク質が精製された。William B. Pratt や David O. Toft ら（1984-1985 年）は，Hsp90 がグルココルチコイドや性ホルモン（アンドロゲンやエストロゲン）などのステロイドホルモンの受容体と複合体を形成することを報告した。さらに，Ichiro Yahara らによって，Hsp90 はアクチン結合タンパク質であることが示された（1986 年）。1987 年になると，James C.A. Bardwell と Elizabeth A. Craig によって，大腸菌の Hsp90 ホモログである HtpG をコードする遺伝子がクローニングされ，Hsp90 が原核生物から真核生物に至るまで進化的に保存された Hsp，あるいは分子シャペロンであることが示された。

　Hsp90 と複合体を形成したステロイドホルモン受容体は，転写因子として不活性であるが，ホルモンと結合し，Hsp90 から解離（して核に移行）すると，転写因子としてはたらくことが示唆された（1985-1986 年）。Hsp90 を擬人化してこれを説明すると，Hsp90 が「介添え」していた「若くて未熟な」受容体が，ホルモンと結合することにより「成熟」し，Hsp90 から離れて転写因子としてはたらく（「社交界に出る」）と言い換えることができるかもしれない。この Hsp90 と受容体の相互作用は一過的であり，Hsp90 は転写因子としての機能を有した受容体の成分ではない。これは，Hsp90 が，ルビスコ結合タンパク質（シャペロニン，5.2 節）や Grp78（BiP，5.4 節）と同様に，Ellis が定義し

た分子シャペロン（5.3節）としてはたらくことを示すものである。

9.2　生物種間分布，細胞内局在，必須性

　Hsp90は，バクテリアのサイトゾル（**HtpG**, high temperature protein G），真核生物のサイトゾル，核，ミトコンドリア（**TRAP1**, tumor necrosis factor receptor-assocoated protein 1），葉緑体（**Hsp90C**），小胞体（**Grp94** あるいは **gp96**, glucose-regulated protein 94, glycoprotein 96）に存在する。古細菌のHsp90は報告されていない。

　真核生物サイトゾルのHsp90は必須である。出芽酵母（*Saccharomyces cerevisiae*）には2種類のHsp90，すなわち**Hsp82**と**Hsc82**が存在する。Hsp82は，通常生育条件における発現量は少ないが，熱ショックにより高発現する。一方，Hsc82は構成的に高発現する。これらの一方をコードする遺伝子が破壊されても生存可能であるが，両方とも破壊されると死に至る。シロイヌナズナのゲノムには，サイトゾルHsp90をコードする遺伝子が4種類（Hsp90.1～Hsp90.4）存在するが，Hsp90.1遺伝子とHsp90.2遺伝子の両方のノックアウトは致死的であると報告されている。酵母や植物以外の真核生物でも，少なくともサイトゾルのHsp90は必須であると考えられている。ヒトのサイトゾルにも，ストレス誘導性の**Hsp90α**と，構成的に発現する**Hsp90β**が存在する。Hsp90αは，ある種のがんのバイオマーカー（biomarker）として有用であるとの報告がある。サイトゾルHsp90は，真核細胞全タンパク質の～1%（細胞の種類によってはそれ以上）を占める主要タンパク質である。

　酵母には小胞体Grp94のホモログが存在しないが，後生動物[†]（Metazoan）においてGrp94は必須とされる。グルコース飢餓のみならず，小胞体における折りたたみ不全タンパク質の蓄積によっても発現が誘導される（小胞体ストレス応答，unfolded protein response）。

[†] 生物の分類群の一つで，単細胞生物に対して多細胞体制をもつ動物の総称。

原核生物のHsp90ホモログであるHtpGは通常条件では必須ではない。大腸菌や枯草菌では高温などのストレス下で*htpG*遺伝子の発現が誘導されるが，*htpG*遺伝子変異株は（顕著な）高温感受性を示さない。このため，真核生物Hsp90とは異なり，HtpGは大きな研究対象とはならなかった。しかし，筆者らはシアノバクテリアの*htpG*遺伝子破壊株が穏やかな高温でも増殖できず，致死温度下の生存率は野生株の100～1000分の1以下にまで減少することを明らかにした（1999年）。これは，HtpGがシアノバクテリアの高温耐性において必須の役割を果たすことを示すものである。さらに，低温や酸化ストレス下でも必須あるいは重要なはたらきをすることを明らかにした。最近（2017年）になって，従属栄養細菌の*Shewanella oneidensis*も，HtpGが高温で必須のはたらきをすることが明らかにされた。さらに，好冷性バクテリアの低温下における生育・増殖において，HtpGが重要なはたらきをすることが報告されている。グラム陰性細菌に属する病原性レプトスピラ（*Leptospira*）は，人獣共通の細菌感染症を引き起こすが，HtpGは*Leptospira interrogans*が病原性を発揮する際の必須の因子である。また，ヒトや動物に対して病原性をもつサルモネラ属の*Salmonella Typhimurium*の感染においてもHtpGが重要な役割を果たす。

9.3 構　　　造

　Hsp90はホモ二量体を形成し機能する。そのサブユニットは，三つの主要ドメインから構成される。それらは，分子質量～30 kDaの**N末端ドメイン**（**NTD**），～40 kDaの**中間ドメイン**（**MD**），～12 kDaの**C末端ドメイン**（**CTD**）である（図9.1(a)）。真核細胞サイトゾルのHsp90，小胞体Grp94や葉緑体Hsp90Cには，NTDとMDを連結する荷電（リンカー）領域（～60個のアミノ酸残基からなる配列）が存在する。さらに，サイトゾルHsp90のC末端には，よく保存された**延長アミノ酸配列**（**MEEVD**）が存在する。この配列はTPRドメイン（6.2節）と相互作用する。以下に詳しく述べるように，NTD

(a) Hsp90 と HtpG の一次構造

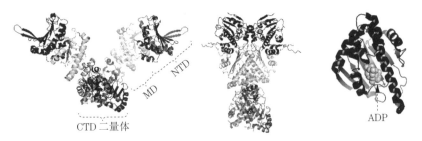

(b) HtpG の開放型構造　(c) Hsp90 の閉鎖型構造　(d) HtpG の N 末端ドメイン（球状モデルで ADP を示している）

図 9.1 Hsp90 と HtpG の構造（PDBID: 2ior, 2ioq と 2cg9（Shiau ら，2006 年；Ali ら，2006 年））

には ATP/ヌクレオチド結合部位が存在するが，NTD 単独の ATP の加水分解活性はきわめて低い。Hsp90 の構造変化（remodelling）によって，MD に存在するアミノ酸が触媒反応に関与して初めて，ATP の加水分解が起こると報告されている。MD（と CTD の一部）は基質結合などにも関与する。CTD は二量体化に必要とされる。C 末端の約 50 個のアミノ酸残基を欠損したヒト Hsp90α は二量体化しないが，この変異 Hsp90 は，出芽酵母の *hsp90* 変異株を相補できない。また，CTD を欠く NTD-MD には ATPase 活性がほとんど検出されない。このように，CTD あるいは Hsp90 の二量体化は，その機能にとって必須である。

　Hsp90 の結晶構造解析は，N 末端ドメイン（1997 年），中間ドメイン（2003 年），C 末端ドメイン（2004 年）といったように，ドメインごとに順次行われていった。全長の Hsp90（二量体）の構造は，英国の Chrisostomos Prodromou と Laurence H. Pearl らや，米国の David A. Agard らによって明らかにされた

(2006年)。Hsp90は，ATP/ADP，基質タンパク質，コシャペロンなどが結合することで選択的に安定化される，さまざまな一連の構造（コンホメーション）をとる。ヌクレオチド非存在下では，動的で柔軟な「開放型」の構造（アポ型コンホメーション）をとる（図9.1(b)）。一方，ATPの結合により，以下のような一連の構造的再編成が起こり，「閉鎖型」コンホメーション（図9.1(c)）を一過的に形成して，ATPの加水分解反応が起こる。

ATPがNTD（出芽酵母Hsp82）のATP結合ポケット（図9.1(d)）に結合すると，これにNTDの「蓋（lid）」（出芽酵母Hsp90におけるGly 94からGly 121の部分）が覆いかぶさる。この「蓋」部分のコンホメーション変化により，Hsp90二量体の各サブユニットのN末端（アミノ酸残基1〜27）に存在するα-helix 1どうしが相互作用するようになり，NTDが二量体化する（図9.1(c)）。この一過的な「閉鎖型」構造をとると，MDの触媒ループに存在するアミノ酸残基（Arg380）がNTDのATP結合部位に隣接するようになり，触媒部位が形成される。Arg380はATPのγ位のリン酸と水素結合し加水分解反応の促進に関与すると考えられている。すなわち，ATPが結合して初めてHsp90の触媒部位が現れるといえる。ATPが加水分解されてADPになり，それが解離すると，Hsp90は開放型に戻る。Hsp70/DnaKと異なり，ADPの解離のためにヌクレオチド交換因子は必要とされない。これは，これらのシャペロンのヌクレオチドに対する親和性の違いによるものと考えられる。出芽酵母Hsp90やシアノバクテリアHtpGのATPに対するK_m値は，100〜600μMである。Hsp90の開放型と閉鎖型構造変換（あるいはATPaseサイクル）の律速段階は，閉鎖型への構造変化，すなわち，「蓋」の閉鎖と触媒ループのコンホメーション変化であると報告されている。なお，Hsp90のATPase活性は非常に低い。出芽酵母Hsp90やシアノバクテリアHtpGのk_{cat}[†]は，0.4〜1.5 min^{-1}である。ヒトHsp90のk_{cat}は，さらに小さい値を示す。

[†] 分子活性とも呼ぶ。単位時間（例えば1分間）に酵素1分子により変換される基質分子の数。

9.4 基質（クライアント）

9.4.1 さまざまなクライアント

Didier Picardにより，サイトゾルのHsp90と相互作用するタンパク質が集約され，つぎのサイトに公表されている．

https://www.picard.ch/downloads/Hsp90interactors.pdf

このリストには，① 分子シャペロン（Hsp70やHsp60），コシャペロン（Jタンパク質，Aha1，Cdc37，Hop/Sti1など）とシャペロン様タンパク質（～70種），② 転写因子（HSF1，ステロイドホルモン受容体，p53，Hap1など，～105種），③ キナーゼ（～280種），④ その他（アクチン，チューブリン，タウタンパク質，テロメラーゼなど）に分類された，非常にさまざまなタンパク質が含まれている．この中で，②から④に分類されたものがHsp90のクライアントと呼ばれる基質タンパク質である．分子シャペロンやコシャペロンは触媒的にはたらくのに対して，クライアントは（シャペロン作用により）構造的変化を受ける．Hsp90は多様なコシャペロンと相互作用して複合体を形成し，さまざまなクライアントの折りたたみに関与する．

Hsp90αとHsp90βは，～700種類のタンパク質と相互作用するという報告がある．これは，Hsp90が非常に多様な生物学的過程・現象に関与することを示唆するものである．クライアントの中でも，その数（種類）の多さと生理学的重要性のために注目されるのは，**細胞内シグナル伝達系**（環境からの情報を転写因子に伝達し，遺伝子の発現を制御することにより，細胞の運命決定を担う分子機構）に関与する**プロテインキナーゼ**（**リン酸化酵素**）である．キノーム（kinome）はキナーゼの総体を意味するが，ヒトのキノームの～60％が，Hsp90およびそのコシャペロンであるCdc37と相互作用し，Hsp90は，それらの折りたたみ，安定化，活性化などに関与していると報告されている．がんを含む多くの疾病において，細胞内シグナル伝達（の異常）が関与するので，該当するキナーゼに加えてHsp90も薬剤開発の重要な標的となっている．

サイトゾルの Hsp90 と比べると，小胞体に局在する Grp94 のクライアントの数は非常に少ないが，**Toll 様受容体**（Toll-like receptor，**TLR**），**インテグリン**（integrin），**IgG**，**インスリン様成長因子**などが知られている。TLR は，病原体（の構成成分）を認識する受容体で，（自然）免疫において必須の役割を果たす。10 種類以上の TLR が同定されていて，細胞膜表面や細胞内（endolysosome）に存在する。

原核生物の Hsp90 のクライアントは少数しか知られていない。従属栄養細菌 HtpG のクライアントとしては，大腸菌の**リボソームタンパク質 L2** や *Shewanella oneidensis* の tRNA の成熟に関与する **TilS 酵素**が報告されている。筆者らは，シアノバクテリアの（ヘムやクロロフィルの合成に関与する）ウロポルフィリノーゲン脱炭酸酵素（uroporphyrinogen decarboxylase）や**フィコビリソーム**（phycobilisome）の構成タンパク質の一つである**リンカーポリペプチド**がクライアントであることを見つけた。フィコビリソームは，シアノバクテリアや紅藻のチラコイド膜のサイトゾルあるいはストロマ側に存在する分子量が 5 000 000 を越える巨大な分子会合体である。フィコビリソームの主たる構成成分は，フィコシアニンなどのフィコビリタンパク質（色素タンパク質）である。フィコビリソームは光を吸収し，その光エネルギーを光化学 II 反応中心へ，非常に高い効率で伝達するが，この優れた効率性は，この会合体の高度に組織化された構造がなくてはあり得ない。(無色の) リンカーポリペプチドはこの会合体の骨組みをなすと考えられている。リンカーポリペプチドは，単離されると非常に不安定で凝集しやすいが，HtpG との相互作用によって安定化される。リボソームタンパク質 L2 やリンカーポリペプチドを基質とすることから，HtpG はタンパク質複合体の形成やその安定化などに関与するのかもしれない。

9.4.2 Hsp90/HtpG とクライアントの相互作用

ATP などのヌクレオチドだけでなく，基質の結合も Hsp90 のコンホメーション変化を誘導する。アミノ酸残基数 149 の黄色ブドウ球菌のヌクレアーゼ

(Staphylococcal nuclease) は，タンパク質高次構造構築の原理解明のモデルタンパク質として用いられてきた．この酵素の，N末端側9残基（アミノ酸残基4-12）とC末端側9残基（アミノ酸残基141-149）を欠損した131アミノ酸残基の断片（Δ131Δ）における70-120の領域は，部分的に折りたたみ，疎水性のコアを形成しているが，天然状態の構造はとっていない．Δ131Δ（基質）が結合すると，大腸菌HtpG（アポ型）のコンホメーションは，この基質を包む（はさむ）ように，伸びた構造からV字型へ変化することをAgardらは明らかにした．Δ131Δ は，**非分解性の ATP 類似物質（AMPPNP）**が結合した閉鎖型HtpGに対してより高い親和性を示し，HtpGの開放型から閉鎖型構造への変化を促し，ATPase活性を増大させた．なお，大腸菌HtpGのクライアントであるリボソームタンパク質L2も，ATPase活性を増大させることが明らかにされている．Hsp70がアンフォールドした短い領域・配列を認識して相互作用するのに対して，Hsp90はΔ131Δの（ある程度）折りたたんだ領域（80-115）に選択的に結合するという．このような基質認識の相違などに基づき，Hsp70が非天然構造タンパク質の折りたたみ経路における初期段階に関与するのに対して，Hsp90は後期の折りたたみ（ある程度折りたたんだ基質の折りたたみ）に関与すると考えられている．

　基質（Δ131Δ）は，大腸菌HtpGのMDからCDにかけて結合することが明らかになっている．基質との相互作用に関与するアミノ酸残基も同定されているが，MD/CTDに存在するこれらのアミノ酸が変異するとシャペロン活性も低下する．HtpGとの相互作用によって，基質であるΔ131Δの構造変化が生じることも報告されている．これは，ATPの結合と加水分解に伴うHsp90のコンホメーション変化に伴い，基質の折りたたみも進行することを支持するものかもしれない．なお，Hsp90/HtpGのさまざまなクライアントに共通したアミノ酸配列や構造モチーフは見出されていない．

9.5 コシャペロン

　すでに述べたように，サイトゾル Hsp90 には構造的・機能的に多種多様なコシャペロンが存在する（表9.1）。すでに20種以上のコシャペロンが同定され，それらは異なる様式で Hsp90 に作用する。一般的に，コシャペロンは Hsp90 と複合体を形成し，その ATPase 活性やシャペロン機能を調節するが，特殊なクライアントをリクルートすることで Hsp90 に基質特異性を付与するものも存在する。また，ある一つのクライアントのために複数のコシャペロンが動員されることもある。なお，Cdc37（cell division control 37 kDa）のようにコシャペロン自身がシャペロン作用を示すものも存在する。これらのコシャペロンは，TPR ドメインを介して Hsp90 に結合するものとそうでないものに大別される。なお，Hsp90 に加えて，最近はそのコシャペロンも創薬標的になっている。

　サイトゾル Hsp90 以外では，小胞体 Grp94/gp96 のコシャペロンは最近になって同定された。原核生物の HtpG，ミトコンドリアの TRAP1 および葉緑体 Hsp90C にはコシャペロンが同定されてない。

　以下に，サイトゾル Hsp90 のコシャペロンを，TPR ドメインの有無で分けて述べ，Grp94/gp96 のコシャペロンについても簡単にふれる。

9.5.1　TPR ドメインをもつコシャペロン

　コシャペロンの中には，TPR ドメインをもつものが存在する。すでに述べたように（6.2節），TPR ドメインはタンパク質間相互作用を促し，多様な生物機能に関わる。このドメインは，（サイトゾル）Hsp90 の C 末端の MEEVD モチーフや Hsp70 の C 末端 EEVD モチーフを認識し結合する。

　TPR ドメインをもつコシャペロンは，**Hop**（Hsp70/Hsp90-organizing protein）/**Sti1**（stress-inducible phosphoprotein 1），**CHIP**（carboxyl-terminus of Hsc70 interacting protein），**Pp5**（protein phosphatase 5）/**Ppt1**，**Unc45** (uncoordinated mutant number 45), **Tah1**（TPR-containing protein associated with Hsp90），**Fkbp51**（FK506 binding protein 51 kDa），**Fkbp52** および **Cyp40**（cyclophilin 40）/**Cpr6/Cpr7** などである（表 9.1）。なお，各コシャペロンは，「A/B」と記すことで複数のホモログ（A と B）の名称を示す。

表 9.1 Hsp90 のコシャペロン（* Sgt1 には TPR ドメインが存在するが，これは Hsp90 との相互作用に関与しない）

脊椎動物における名称	酵母における名称	必須性（酵母）	Hsp90 の ATPase に及ぼす影響	Hsp90 の結合部位	Hsp90 と相互作用する TPR の有無
p23	Sba1	×	阻害	NTD	無
Sgt1	Sgt1	○	影響しない	NTD	無（*）
Cdc37/p50	Cdc37	○	阻害	NTD, MD	無
Aha1	Aha1, Hch1	×	活性化	NTD, MD	無
Hop	Sti1	×	阻害（Sti1）	CTD	有
Pp5	Ppt1	×		CTD	有
Fkbp51, 52				CTD	有
Cyp40	Cpr6, Cpr7	×		CTD	有
	Tah1	×	活性化	CTD	有

Hop/Sti1 は，Hsp90 の開放型コンホメーションを安定化することにより，ATP 加水分解（ATPase 活性）を阻害し，クライアントの結合を促すと考えられている。三つの TPR ドメインをもつ Hop/Sti1 は，Hsp70 と Hsp90 の両方に同時に結合し，これらのシャペロン機能を制御して Hsp70 から Hsp90 へのクライアント（タンパク質基質）の移動（転移）を促進する。すなわち，Hsp70 と Hsp90 の協調的なシャペロン作用を仲介するのが Hop/Sti1 である。酵母では，Hop/Sti1 は必須ではないが，その遺伝子が，Ydj1（Hsp40）あるいは p23/Sba1（9.5.2 項）をコードする遺伝子とともにノックアウトされると致死的になる。マウスでは，Hop/Sti1 がないと胚性致死[†]（embryonic lethality）になると報告されている。

ユビキチンリガーゼ（E3）の一つである CHIP についてはすでに述べた（6.3 節）が，Hsp90 は CHIP と相互作用することでタンパク質の分解に関与する。Pp5/Ppt1 は，コシャペロンの一つである Cdc37（や Hsp90）を脱リン

[†] 生まれるまでに死んでしまうこと。

酸化する酵素である。Pp5/Ppt1 は，Cdc37 や Hsp90 と 3 者複合体（Cdc37-Hsp90-Pp5/Ppt1）を形成し，Cdc37 の（機能に影響する）リン酸化を調節することで，基質（プロテインキナーゼ）の活性化や 3 者複合体からの基質の解離を制御するのではないかと考えられている。Unc45 は，**ミオシン特異的シャペロン**といわれ，ミオシンの安定性や機能にとって重要なはたらきをする。Tah1 は，Rvb1，Rvb2，Pih1 とともに，R2TP 複合体を形成する。真核生物によく保存されたこの複合体は，snoRNP，RNA ポリメラーゼ，PIKKs（phosphatidylinositol-3-kinase-related kinases）の成熟・活性化，アポトーシスやがん化に関与する。

　Fkbp51，Fkbp52，Cyp40/Cpr6/Cpr7 は，**ペプチジルプロリルイソメラーゼ（PPIase）活性**をもつ（プロリンペプチド結合のシス・トランス異性体間の変換を促進する）。ステロイドホルモン受容体複合体の研究により，これらが Hsp90 のコシャペロンであることが明らかにされた。これらに加えて，Pp5 などのコシャペロンも「成熟した」ホルモン受容体複合体に見出される。酵母の Cyp40 ホモログ（Cpr6 および Cpr7）は Hsp90 と複合体を形成すること，また Hsp90 あるいは Hop/Sti1 が減少する酵母変異株における *cpr7*（Cpr 遺伝子）の欠失は顕著な生育阻害を引き起こすこと，さらに *cpr7* 欠失酵母にグルココルチコイド受容体や v-Src を異種発現させるとそれらの活性低下が観察されること，などが報告されている。これらの結果は，Cpr6/Cpr7 が，Hsp90 依存的シグナル伝達系などにおいて重要な役割を果たすことを示している。

9.5.2　TPR ドメインを介さずに相互作用するコシャペロン

　TPR ドメインを介さないで Hsp90 に結合するコシャペロンとして，**Cdc37**，**Aha1**（activator of Hsp90 ATPase），**p23/Sba1** や **Sgt1**（suppresor of G2 allele of SKP1）などが知られている。

　Cdc37 は，N 末側，中間，C 末側の三つのドメインからなる。N 末端ドメインでキナーゼに結合し，中間および C 末端ドメインで，開放型 Hsp90 の NTD と相互作用した後に，Hsp90 の MD と結合する（Kliment A. Verba ら，2016

年)。Cdc37 は Hsp90 の ATPase 活性を阻害するが，(Hop/Sti1 のように) この阻害によりクライアントの結合が促進されるのかもしれない。Cdc37 をコードする遺伝子は，酵母の細胞分裂開始に必要とされる遺伝子として同定されたが，その翻訳産物である Cdc37 はさまざまなキナーゼをクライアントとし，(Hsp90 とともにはたらいて) それらの折りたたみや機能の獲得に関与する。酵母では，すべてのキナーゼの 65% が，それらの活性と安定化のために Cdc37 を必要とするという。したがって，Cdc37 は Hsp90 に，キナーゼに対する特異性 (**基質特異性**) を付与しているといえる。

強いチロシンキナーゼ活性をもつがん遺伝子産物 v-Src は，Cdc37 (および Hsp90) と複合体を形成することが見出された最初のキナーゼである。1981 年には，v-Src ($pp60^{v-src}$) と，Hsp90 および Cdc37 が共免疫沈降することが明らかにされた。v-Src は，Hsp90 および Cdc37 と不活性な複合体を形成するが，細胞を腫瘍化するチロシンキナーゼ活性を発現する際には，Hsp90 から解離し膜に移行する。Hsp90 と Cdc37 は，「シャペロン」として，「未成熟な」v-Src を守り，その「成熟」を助けているといえる。

Aha1 は，Hop/Sti1，Cdc37 や p23/Sba1 とは異なり，Hsp90 の ATPase 活性を増加させる。例えば，酵母の Aha1 は，それを 12 倍に活性化する。Aha1 の N 末端側のドメインが，Hsp90 の MD と NTD に結合し，MD の触媒ループ (9.3 節) のコンホメーション変化を促し，ATP 加水分解反応を促進すると考えられている。酵母では，Aha1 とそのホモログである Hch1 は必須ではないが，それらの二重変異株では，v-Src やホルモン受容体のような Hsp90 クライアントの折りたたみが阻害される。これは，Aha1 が Hsp90 のコシャペロンとしてはたらくことを示すものである。

p23/Sba1 は，ATP 結合型の Hsp90 (閉鎖型コンホメーション) に選択的に結合する。このコンホメーションを安定化して ATP 加水分解を阻害し，クライアントの構造的成熟を促進すると考えられている。

動植物の免疫系に関与する Sgt1 は，Hsp90 の NTD と相互作用する。Hsp90, Sgt1, Rar1 は 3 者複合体を形成する。Rar1 は，高等植物における免

疫に関係する。これらのタンパク質は，サイトゾルのセンサータンパク質である **NLR タンパク質**（nucleotide-binding site and leucine-rich repeat domain containing protein）の安定化に必要とされる。NLR タンパク質は，病原体由来のタンパク質（virulence effector protein）を認識する。Sgt1 における Hsp90 と結合する領域を変異させると，植物はさまざまな病原菌に感染しやすくなるという。

9.5.3　種によるコシャペロンの違い

生物種によって，コシャペロンの種類や組合せが異なる。Jill L. Johnson の総説（2012）によると，19 種の真核細胞ゲノムにおける Hsp90 のコシャペロンを探索したところ，19 すべての生物種に存在する共通のコシャペロンは見当たらなかった。しかしながら，Hop/Sti1, Pp5/Ppt1, Aha1, p23/Sba1 と Sgt1 は，19 種のうち 16 種に存在することがわかった。この「Hsp90 コシャペロンの非保存性」は，原核生物から真核生物に至るまで，DnaJ/Hsp40/J タンパク質が DnaK/Hsp70 のコシャペロンとしてはたらくことを考えると驚くべきことである。このような差異は，Hsp90 が，ある程度折りたたんだタンパク質をクライアントとするために起因する，Hsp90 とクライアント間の相互作用の複雑性が関係しているのかもしれない。また，生物種によっては，異なるコシャペロン間の機能重複があるために，種類が減少したのかもしれない。多くの哺乳類動物のプロテインキナーゼは Cdc37 と Hsp90 の両方に依存するが，19 種の生物種のうち 10 種においては，Cdc37 をコードする遺伝子を見つけることができなかったという。これらの生物種では，キナーゼは Cdc37 とは異なるコシャペロンを必要とするか，あるいはキナーゼが Cdc37 や Hsp90 に非依存的に進化してきたのかもしれない。

9.5.4　小胞体 Grp94/gp96 のコシャペロン PRAT4A

CNPY3（canopy3）とも呼ばれる **PRAT4A**（protein interacting with TLR4）

は，複数種の Toll 様受容体（TLR）の細胞膜や**エンドリソソーム**†（endolysosome）への輸送や免疫応答に必要とされる小胞体内腔タンパク質（分子量～35 000）である。Grp94 は，PRAT4A/CNPY3 と直接的に相互作用し，複合体を形成する。Grp94 は，PRAT4A/CNPY3 依存的に，複数種の TLR にシャペロン作用（それらの折りたたみ・成熟やエンドリソソームへの輸送に関与）することから，PRAT4A/CNPY3 は，TLR などのクライアントを Grp94 に「積み込む」はたらきをするコシャペロンではないかと考えられている。

9.6 進化への関与

生物の進化は遺伝的変化によって起こると説明されるが，さまざまな生物種に見られる形態学的多様性を生み出すには，多くの遺伝的変化が関係しているにちがいない。Lindquist ら（1998 年）は，生物進化における Hsp90 の重要性を明らかにした。Hsp90 が新規な遺伝形質の誕生・進化を促すというのである。

どのようにして Hsp90 は進化を促すのであろうか。Lindquist らは，Hsp90 が複数の遺伝子変異を蓄える「蓄電器（capacitor）」のようなはたらきをすると考えた。環境に大きな変化が起きてストレスが高じると，Hsp90 が変性タンパク質などと相互作用するため，その「蓄電容量」が著しく減少し，それまでに蓄えられた遺伝子変異が一度に放出され，形態学的多様性が生じるという仮説である。このようにして生じた多様な個体の中の一部の個体が生き延びて（淘汰されて），進化してきたのではないかと説明する。この仮説をもう少し詳しく以下に説明する。

遺伝子の変異により，その翻訳産物の折りたたみに異常が生じて，構造不安定化・機能喪失などが起こると，その遺伝子が重要であればあるほど，（例え

---

† エンドサイトーシス（クラスリン被覆小胞を介して，さまざまな細胞外分子や細胞膜タンパク質などを細胞内に取り込む機構）の過程で生成される，それぞれ細胞小器官の一つであるエンドソームとリソソームが融合したもの。エンドソームはエンドサイトーシスにより細胞膜に取り込まれた分子の輸送などに関与する膜小胞で，リソソーム（6.3節 脚注）は加水分解酵素を含み，消化分解作用に関与する。

ば個体の死によって）それらの遺伝子は細胞や個体から失われる可能性も大きくなる．変異はタンパク質に新規な機能を生み出すかもしれないが，変異したタンパク質はそれ自身でうまく折りたたむことができない場合が多いと考えられる．ところが，Hsp90のシャペロン作用によって変異タンパク質の折りたたみが助けられて構造や機能も維持されると，その遺伝子は「生き残る」ことができ，変異が蓄積しうる．（真核生物サイトゾルの）Hsp90は，平常時の細胞内に大量に存在しているため，さまざまな遺伝的変異の影響を「緩衝し（buffer）」，上に述べた「蓄電器」としてはたらくことができると考えられる．すでに述べたように，Hsp90の主要なクライアントには転写因子やプロテインキナーゼなどのシグナル伝達において重要な役割を果たすものが多数含まれる．ストレスなどによりHsp90の緩衝能が低下すると，形態形成に関与するシグナル伝達系の（さまざまな）タンパク質分子の変異が一挙に顕在化し，形態異常が現れるのではないかという仮説である．

　上記の仮説を支持する実験結果がいくつも報告されている．例えば，キイロショウジョウバエ（*Drosophila melanogaster*）において，Hsp90変異体のヘテロ接合体（ホモ接合体は致死になる）は，少数ではあるが，眼，脚，翅（はね）などにさまざまな形態異常が見られた（Suzanne L. RutherfordとLindquist，1998年）．このような形態異常は，正常個体をゲルダナマイシン[†]（geldanamycin）（9.8節，図9.2参照）で処理しHsp90の機能を阻害しても，高温で飼育してHsp90の「緩衝能」を減じても出現する．シロイヌナズナでも同様の現象が観察されている．

9.7　難病への関与

9.7.1　が　　　　ん

　すでに述べたように，代表的な分子シャペロンである低分子量Hsp,

[†] ベンゾキノンアンサマイシン系の抗生物質で，Hsp90のATP結合ポケットに結合してそのシャペロン機能を阻害する．

Hsp70, Hsp90 などが，がんの発生，増殖などに関わる因子と相互作用することにより，がんの進展を助けているという結果が数多く報告されている。Hsp90α は（少なくとも真核細胞サイトゾルでは）最も大量に存在するタンパク質の一つであるが，ある種の腫瘍細胞株では，この分子シャペロンだけで～7%に達するという報告もあり，がん細胞における重要なはたらきを想像させるに十分である。

以下に述べるように，Hsp90 は，がんの六つの Hallmarks（8.7.1項）のすべてに関与するといえる。Hsp90 は，**ヘレグリン**（Heregulin）**-HER3 シグナル伝達**を促進する。HER3 受容体[†1]に特異的に結合するヘレグリンは，下流の ERK シグナル経路，PI3K/Akt 経路や Src シグナリングなど[†2]を介する増殖促進シグナル伝達を開始するリガンド（増殖因子）である。これらの経路を構成するシグナル伝達分子の過剰発現や，過剰活性型への変異はがん化につながるが，Raf や Akt などのシグナル伝達分子や HER3 とヘテロダイマー[†3]（heterodimer）を形成する HER2[†1] などは，Hsp90 のクライアントであり，これらのクライアントの安定性や機能を保証することで，Hsp90 が細胞の増殖やがん化（がんの特性である「増殖シグナルの維持」）に関与している。Hsp90 は，過剰活性型への変異を起こしたがん遺伝子産物と（変異を起こさないものよりも）強く相互作用するという報告がある。例えば，v-Src（9.5.2項）が，正常の動物細胞に存在する c-Src よりも，Hsp90 に対する依存度が大きいと報告されている。c-Src には活性調節に関わる C 末端のリン酸化部位が存在し，このチロシン残基がリン酸化されると不活性化する。一方，(c-Src と高い相同性を示すにもかかわらず) v-Src にはこのチロシン残基は存在せず，これが恒常的に強いチロシンキナーゼ活性を示す主要な原因の一つになっている。

すでに述べた（8.7.1項）ように，Hsp90 は（変異した）がん抑制因子 p53

[†1] ヒト上皮増殖因子受容体2型 (HER2) は，チロシンキナーゼ活性を有する膜タンパク質である。このタンパク質の過剰発現は，がんと関係する。HER3 も HER2 が属する HER ファミリーとして知られる上皮系増殖因子受容体タンパク質の一つである。
[†2] いずれも，細胞内のシグナル伝達経路。
[†3] ダイマーは二量体のこと。ヘテロは 6.1 節の脚注を参照。

と相互作用し安定化することで，がんの「増殖抑制からの回避」に寄与する。また，細胞老化に関係するテロメア（染色体の末端）を伸長する（テロメアDNAを合成する）酵素がテロメラーゼであるが，Hsp90とそのコシャペロンであるp23は，テロメラーゼの触媒サブユニットである**テロメア逆転写酵素**（telomerase reverse transcriptase，**TERT**）に結合し，この酵素の機能的複合体形成に必要とされる。ヒトの生殖細胞や幹細胞では高いテロメラーゼ活性が検出されるのに対し，分化した体細胞では，その活性がほとんど認められない。これに対して，がん細胞は高いテロメラーゼ活性を示す。これは，正常な細胞ががん化する際に，テロメラーゼ（遺伝子）が再活性化されていることを示すものである。Hsp90は，がん細胞における高いテロメラーゼ活性の発現（がん細胞の「不死化」）に寄与していると考えられる。

　固形がんの組織では，がん細胞の急速な増殖に対して，血管形成速度が追いつかないなどの理由で，がん組織には十分な酸素が供給されない領域が生じる。このような低酸素に対する適応反応として，低酸素誘導性因子（HIF）が活性化する。HIFは，**血管内皮細胞増殖因子**（vascular endothelial growth factor，**VEGF**）の発現を誘導し，血管新生を促す。Hsp90の阻害剤により，がん細胞の増殖が抑制され，細胞のHIF1-αやVEGFが分解されることから，これらがHsp90のクライアントであり，Hsp90が「血管新生」というがんの特性の発現に寄与していることが示唆される。Hsp90のクライアントには，FAK（focal adhesion kinase），ILK（integrin linked kinase），ErbB2やMETなどの受容体型チロシンキナーゼが含まれることから，Hsp90は「転移」にも関与すると考えられる。

9.7.2 神経変性疾患

Hsp90はさまざまな神経変性疾患に関与する。これらの疾患において，異常な凝集・蓄積を起こす多くのタンパク質がHsp90のクライアントである。例えば，球脊髄性筋萎縮症における変異アンドロゲン受容体，パーキンソン病におけるα-シヌクレイン，ハンチントン病におけるハンチンチン，アルツハイ

マー病におけるタウなどの凝集を起こすタンパク質はすべて，Hsp90のクライアントであると報告されている。

　ここでは，アルツハイマー病とHsp90の関係を簡単に述べる。この病気を特徴づけるものは，神経細胞外における老人斑の形成と細胞内のリン酸化タウを主成分とする神経原線維変化である。アルツハイマー病の脳では，老人斑と呼ばれる不溶性の凝集物が健常人と比べると非常に多く，脳全体に広がっている。老人斑の構成成分である**ベータアミロイド（Aβ）ペプチド**（39〜43個のアミノ酸からなるペプチド）は，膜タンパク質である**アミロイド前駆体タンパク質**（amyloid precursor protein，**APP**）の酵素分解によって生じる。分解後，Aβが細胞外に放出され沈着し，老人斑になる。主要な病因関連物質と考えられている可溶性Aβオリゴマーと**正常プリオンタンパク質**（cellular prion protein，**PrPc**）とが相互作用し，この相互作用がAβオリゴマーの毒性に関係するという（Juha Laurénら，2009年）。Hsp90のコシャペロンであるHop/Sti1がPrPcに結合し，AβオリゴマーとPrPcの相互作用を阻害するという報告がある。既述のように，Hop/Sti1はHsp90とHsp70との協調的シャペロン作用を仲介することから，これらのシャペロンがAβオリゴマーの毒性発現と関係するのかもしれない。

　アルツハイマー病では，**タウ**（tau）という神経軸索内の微小管結合タンパク質が（酵素により）過剰にリン酸化されて凝集する。タウタンパク質は微小管と結合し，微小管の重合を促進し安定化する。微小管は細胞内輸送に重要なはたらきをする。タウがリン酸化されると，微小管から離れタウどうしで結合・凝集する（神経原線維変化を生じる）。タウタンパク質はHsp90のクライアントである。Hsp90は，タウの折りたたみを助けるわけではなく，タウと微小管との結合やタウのユビキチン・プロテアソーム系による分解に介在する。タウの同じ領域が，微小管との結合，Hsp90との相互作用，凝集に関与するという。

9.7.3 囊胞性線維症

CFTR（8.7.1項）は，白人種に多く見られる致死的遺伝病である囊胞性線維症の原因遺伝子産物で，肺などの上皮細胞に発現する膜タンパク質（塩素イオンチャネル）である。CFTRは，Hsp90やHsp70のクライアントである。ゲルダナマイシンなどのHsp90阻害剤は，小胞体Grp94ではなくサイトゾルHsp90と（小胞体で合成される）新生CFTRの相互作用を妨げ，その折りたたみと成熟を阻害し，分解を促進するという報告がある。CFTRの機能不全を起こす遺伝子異常で最も多いのが，508番目のフェニルアラニンの欠損である。この欠損は，新生タンパク質の折りたたみ不全を引き起こし，異常タンパク質は分解される。異常CFTRがHsp70やHsp90に認識され，ユビキチンリガーゼCHIPを介して，分解・除去されるという報告もある。

9.8 阻害剤と薬

多くのがん（原）遺伝子産物がHsp90のクライアントである（9.7.1項）。Hsp90は，がん化に重要なはたらきをするタンパク質の折りたたみ，機能，安定性の維持にとって必須の因子である。したがって，がん細胞のHsp90を分子標的とする薬剤は，抗がん作用を発揮すると期待される。

Leonard Neckersらは，**ゲルダナマイシン**（geldanamycin，図9.2(a)）や**ハービマイシンA**（herbimycin A）などの抗がん・抗腫瘍作用を有する抗生物質が，Hsp90に特異的に結合することや，Hsp90と（v-Srcなどの）クライアントとの相互作用を阻害することを初めて明らかにした（1994年）。なお，彼らはゲルダナマイシン誘導体を固相担体上に固定化したアフィニティービーズを用いて，細胞抽出液中のHsp90がゲルダナマイシンの標的分子であることを見つけた。1997年には，ゲルダナマイシンがヒトHsp90のN末端ドメインの「ポケット」に結合することが結晶構造解析によって明らかになった。同年，英国のProdromouとPearlらは，酵母Hsp90のN末端ドメインの「ゲルダナマイシン結合ポケット」に，ATP（ATPγS）やADPが結合することを結

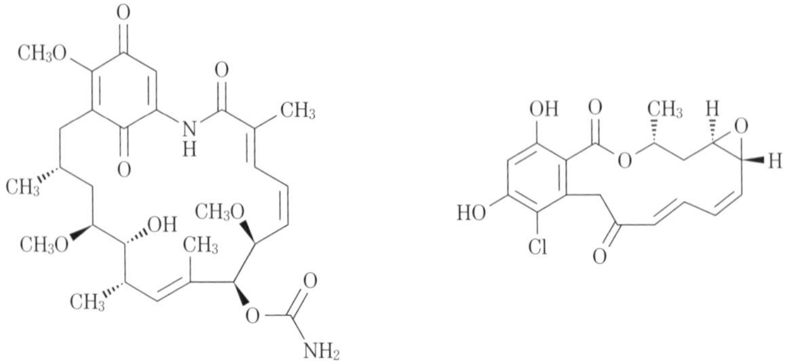

(a) ゲルダナマイシン (M.W. 560.6)　　(b) ラディシコール (M.W. 364.8)

図 9.2 ゲルダナマイシンとラディシコールの構造

晶構造解析により示した．その結果，Hsp90 が ATP を結合すること，この結合をゲルダナマイシンが拮抗的に阻害することが明らかになった．

　一般的に，Hsp90 は ATP の結合とその加水分解に依存してシャペロン作用する．ところが，上記の結晶構造解析結果が出るまでは，この ATP 結合と加水分解に関する論争があった．阻害剤とは直接関係しないかもしれないが，以下に簡単に紹介したい．いくつかの研究グループが，Hsp90 は ATP を結合するが加水分解はしない，あるいは加水分解も行うなどと報告していたが，ドイツのグループは，Hsp90 は ATP 結合能さえもたないと主張した．他のグループが報告した「ATP 加水分解活性」は，実験に用いられた精製標品における混在物（例えば Hsp90 と共精製されたキナーゼなど）の活性ではないかと，彼らは考察したのである．Hsp90 の ATPase 活性は非常に低いので，十分精製しないと混在酵素由来の ATP 加水分解活性のほうがはるかに大きくなることもあり得る．実際，1990 年代初期の論文は，異常に高い ATPase 活性を報告している．Prodromou と Pearl らは，ゲルダナマイシンを用いて「正味の ATPase 活性」（この特異的阻害剤によって阻害される活性，したがって Hsp90 由来の活性）を求めた．その結果，酵母と大腸菌の Hsp90 (HtpG) は，著しく弱い（k_{cat} は，$\sim 0.5\,\mathrm{min}^{-1}$）ながらも，確かに ATP 加水分解活性を有することが明らかになった．

ゲルダナマイシンは，培養がん細胞の増殖を抑制し，実験動物の腫瘍を縮小させる．また，ゲルダナマイシンの投与により，がん化に関与するクライアントタンパク質（シグナル伝達分子など）が細胞内で迅速に消失する．この現象は，Hsp90 の ATPase 活性が阻害されることにより，そのシャペロン活性も阻害され，クライアントが不安定化して，ユビキチン・プロテアソーム系で分解されるために起こると説明される．興味深いことに，がん細胞は，正常細胞よりも Hsp90 阻害剤に対して高感受性である．このため，がん細胞の Hsp90 に「的を絞る」ことが可能であり，Hsp90 阻害剤を用いて臨床試験が行われてきた．ゲルダナマイシンの誘導体で，その毒性が軽減された **17-AAG**（17-allylamino-17-demethoxygeldanamycin）あるいは **tanespimycin** は，がんの第Ⅰ相（phase I）試験が行われた最初の Hsp90 阻害剤である．その他のゲルダナマイシン誘導体としては，**17-DMAG**（alvespimycin），**IPI-493**，**IPI-504** などが知られている．ゲルダナマイシンやその誘導体以外にも，さまざまな Hsp90 阻害剤が報告されている．日本の協和発酵（協和発酵キリン）の研究グループは，抗がん・抗腫瘍活性を有する抗生物質である**ラディシコール**（図 9.2(b)）が Hsp90 に結合することを明らかにした（1998 年）．

ラディシコールも Hsp90 の N 末端ドメインの ATP 結合部位に結合する．その添加により，がん化に関与するシグナル伝達分子などが細胞内で迅速に消失する．ラディシコール関連化合物としては，**KW-2478**，**NPV-AUY922**，**AT-13387**，**Ganetespib** などを挙げることができる．これら以外にも，プリン関連化合物として，**BIIB-021**，**NVP-HSP990**，**PU-H71** などの Hsp90 阻害薬なども報告されている．さまざまな Hsp90 阻害活性をもつ化合物が臨床試験に賦されているが，いまだ市場に出るには至っていない．なお，Hsp90 の ATPase 活性を阻害するだけでなく，活性化することによっても，Hsp90 のシャペロン機能を抑制できることを筆者らは見出した．天然小分子化合物である**ゴニオタラミン**（goniothalamin）や**ゼルンボン**（zerumbone）は，原核生物や真核生物由来の Hsp90 の ATPase 活性を増加させたが，驚くべきことに，ゴニオタラミンは試験管レベルの折りたたみ活性を阻害し，ゼルンボンは細胞に

おけるHsp90とクライアントとの相互作用を阻害し，クライアントの分解を導いた。これらの結果は，Hsp90のATPase活性が適切に調節されないとシャペロン機能は最大限に発揮されないことを示唆するものである。実際，ATPase活性が数倍増大するHsp90変異体（T22I）を発現する酵母は，活性が低下した変異体を発現する酵母のように高温感受性（細胞におけるシャペロン活性の低下）を示す（Patricija Hawleら，2006年）。ATPase活性を増大させる化合物も探索すれば，Hsp90「阻害」薬の選択肢が広がるのではないだろうか。

10 Hsp104/ClpB

　大腸菌や高度好熱菌 *Thermus thermophilus* の ClpB（<u>c</u>aseinolytic <u>p</u>eptidase <u>B</u>），出芽酵母の ClpB ホモログである Hsp104 に関する細胞生物学的・生化学的研究などにより，これらのシャペロンの構造や機能が明らかにされてきた。Hsp104/ClpB は，六量体のリングを形成する。このリングの中央の小さな孔は，この分子シャペロンのはたらきにとって重要な，伸びたポリペプチド鎖が通り抜けられる構造（channel）になっている。これに対して，Hsp60/シャペロニン/GroEL のリングはポリペプチド鎖の折りたたみが可能な比較的大きな空洞を形成する。このため円筒（cylinder）と呼ばれることがある。さらに，ポリペプチド鎖はこの円筒の底を通り抜けできない。

　Hsp104/ClpB は，Hsp60，Hsp70 や Hsp90 とは異なり，変性タンパク質の凝集阻止能や折りたたみを促進する活性を有しないと報告されている（前者に関しては例外もある。われわれはシアノバクテリアの ClpB に凝集阻止活性を観察している）。一方，他のシャペロンに見られない機能的特徴，すなわち，熱などのストレス下で生じる（比較的大きな）タンパク質凝集体を，ATP 依存的に可溶化する（解きほぐす）脱凝集（disaggregation）活性をもつ。このため，凝集塊の生成量が増えると考えられる致死的高温を経験した細胞の回復（生存率の向上）に大きな貢献をする。致死的な高温に耐えて生き残るには，凝集塊を分解して除くだけでは十分ではなく，タンパク質凝集塊を可溶化し再生する必要があると考えられる。なお，高温以外にも，エタノールや亜ヒ酸などに対する耐性や，後述するように酵母のプリオン現象（非メンデル性遺伝現象）の維持にも Hsp104 が必要とされる。なお，この Hsp104/ClpB にコシャペロンは知られていないが，DnaK/DnaJ（Hsp70/Hsp40）と協調的にシャペロン作用をする。

10.1 研究の端緒

　Susan Gottesman や Catherine Squires らが，大腸菌の *clpB* 遺伝子を発見し，この遺伝子（ホモログ）が他の真正細菌や植物にも存在する普遍的なものであることを示した（1990 年）。これらの遺伝子がコードするタンパク質には，ヌクレオチド結合部位（推定）をもつ高度に保存された二つの領域があった。Squires らは，大腸菌の *clpB* 遺伝子が，シグマ 32 因子によって同調的に制御される熱ショックレギュロンを形成していることや，この遺伝子にコードされるタンパク質が熱ショックタンパク質 F84.1 であること，さらに *clpB* 変異株が高温感受性で，致死温度（50℃）における死滅速度も野生株に比べて大きいことなどを明らかにした（1991 年）。

　Lindquist らは，出芽酵母の Hsp104 をコードする遺伝子（*clpB* ホモログ）を単離して，その変異株を構築した（1990 年）。この変異株は，野生株と同様に生育し，致死的高温に直接曝されたときの死滅速度も野生株と変わらなかった。しかしながら，野生株と異なり，事前に穏やかな高温処理をしても変異株には熱耐性の誘導が観察されなかった。すなわち，Hsp104 は獲得性熱耐性（1.3 節）に関与することが示された。さらに，彼女らは Hsp104 の二つの ATP 結合部位（前述）が高温耐性に重要な役割を果たすことも明らかにした。

10.2 存在と必須性

　Hsp104/ClpB は，バクテリアのサイトゾル（ClpB），酵母のサイトゾル（Hsp104）やミトコンドリア（**Hsp78**），植物のサイトゾル（**Hsp101**, **ClpB-cyt**, **ClpB1**），葉緑体（**ClpB-p**, **Hsp100**/ClpB, **ClpB3**）やミトコンドリア（**ClpB-m**, **ClpB4**），さらに *Methanohalophilus portucalensis* などの古細菌にも ClpB ホモログが存在すると報告されている。後生動物には Hsp104 のホモログが存在しないとされている。生物種や局在場所にかかわらず，Hsp104/

ClpBをコードする遺伝子は熱ショックで誘導されるようであるが，シアノバクテリア *Synechococcus elongatus* PCC7942株の *clpB2* 遺伝子のように構成的に発現し，熱ショックで発現誘導されない遺伝子も存在する．

酵母のHsp104は，通常培養条件下では必須ではない．しかし，上に述べたように致死的高温に対する耐性において必須の役割を果たす．大腸菌ClpBも通常条件では必須ではない．46℃においても，*clpB*変異株（Δ*clpB*）の生育（速度）は野生株に若干劣るだけであるが，致死的高温（50℃）に直接曝されると，高温シフト後1時間では約1桁，4時間後では4〜5桁，野生株と比較して変異株の生存率が低下した（François Baneyxら，1998年）．対照的に，Δ*htpG*やΔ*ibpA/B*（IbpAとIbpBは低分子量Hsp，11章）などの分子シャペロン遺伝子変異株の生存率の低下は，野生株のそれと同程度であった（ただし，低分子量HspやHtpG/Hsp90が，致死的高温下で，重要あるいは必須のはたらきをするシアノバクテリアのような生物も存在する）．

酵母のミトコンドリアのHsp78も，「ミトコンドリア」の熱耐性に必要とされる．グルコースを含むYPD培地[†1]（YPD medium）で培養したHsp78を欠損した酵母変異株（Δ*hsp78*株）を，直接あるいは事前に穏やかな高温処理をしてから致死温度（50℃）処理をしても，その生存率は野生株のそれと同様であった．しかしながら，グルコースではなくグリセロール[†2]を含む培地で同様の実験を行うと，事前の高温処理の有無にかかわらず，Δ*hsp78*株の生存率は野生株のそれに比べて減少した（Matthias Schmitt，Thomas Langerら，1996年）．炭素源がグルコースであると呼吸がなくとも解糖系（発酵）により生き残ることができるが，グリセロールのみでは呼吸に頼らざるを得ないので，培地の炭素源を変えて実験をすることでHsp78がミトコンドリアの熱耐性に必要とされることが明らかになったわけである．Hsp78は，高温ストレス下におけるミトコンドリアゲノムの維持・損傷防御，ミトコンドリアにおける

[†1] 完全栄養培地（液体あるいは寒天培地）として酵母細胞などの培養に用いられる．
[†2] 3価のアルコールで，グリセリンと呼ぶこともある．食品添加物として，甘味料，保存料などに使われる．

（高温で失活した）タンパク質合成機能の再活性化に必要とされる。また，Hsp78 は，ミトコンドリアにおけるタンパク質分解においても重要な役割を果たすことが報告されている。

葉緑体の ClpB ホモログの獲得性熱耐性への関与に関しては，トマトのそれは関与するという報告がある一方で，シロイヌナズナのそれは関与しないと報告されている。葉緑体の ClpB ホモログをコードする遺伝子に T-DNA[†] が挿入された変異体は，緑色ではなく黄色を呈し，培地にショ糖を加えないと早期に枯れてしまう（seedling lethal）。変異体の葉緑体には形態異常が観察されるが，これは葉緑体の分化・形態形成（development）において ClpB が重要な機能を果たすことを示唆するものである。この葉緑体 ClpB のように，S. elongatus PCC7942 株の clpB2 遺伝子も必須である。さらに，clpB2 は熱耐性の獲得には関与しない。生物にとって必須であるが，熱耐性の獲得には関与しない ClpB の研究は非常に遅れている。

10.3 構　　　　造

10.3.1 AAA$^+$ファミリー

Hsp104/ClpB は，**AAA$^+$ファミリータンパク質**のメンバーである（AAA$^+$/AAA ファミリー ATPase に関する詳細な説明は，http://mukb.medic.kumamoto-u.ac.jp/AAA/aaafamily.html を参照）。**AAA ファミリー**の AAA は，<u>A</u>TPases <u>a</u>ssociated with diverse/various cellular <u>a</u>ctivities の略称で，多様な細胞機能（タンパク質分解，DNA 複製，DNA 組換え・修復・転写制御，モーター，膜融合・タンパク質輸送，オルガネラの形成・維持など）をもつ，さまざまな ATPase がこのファミリーに含まれる。AAA$^+$ は，AAA を含む上位のスーパーファミリーであり，AAA ファミリーの ATPase に特徴的な配列で機能上重要な SRH（second region of homology）配列などをもたないものも含まれる。AAA$^+$/

[†] アグロバクテリウム（*Agrobacterium tumefaciens*）を介して植物のゲノム中に挿入される DNA 断片。

10.3 構造　　155

AAAファミリーメンバーは，ヌクレオチド結合とその加水分解に関与する，**Walker A/B モチーフ**と呼ばれる共通配列をもっている．Walker A モチーフは，GxxxxGKT/S（x は任意のアミノ酸残基）で，ヌクレオチドのリン酸基結合配列である．Walker B モチーフは，hhhhDE（h は疎水性アミノ酸残基）で，ヌクレオチドに結合した Mg^{2+} イオンに配位するアスパラギン酸（'D'）/グルタミン酸残基（'E'）を含む．

Hsp104/ClpB は，AAA^+ スーパーファミリーに属するサブファミリー Clp/Hsp100 のメンバーである．Clp/Hsp100 ファミリーのメンバーには，多くの ATP 依存プロテアーゼの制御サブユニットが含まれる．Hsp104/ClpB は，〜250 個のアミノ酸残基からなる，Walker A/B モチーフを有する AAA ドメイン（ATPase ドメイン，AAA モジュール，またはヌクレオチド結合ドメイン（NBD）とも呼ばれる[†]）を 2 個もっている．このため，Clp/Hsp100 ファミリーの中で Hsp104/ClpB はクラス I に分類される．なお，クラス II には AAA ドメインを一つもつもの（ClpX や HslU）が属する．

10.3.2 各ドメインと機能

ClpB は，二つの AAA ドメイン（**AAA-1** および **AAA-2**）に加えて，N 末端ドメイン，（AAA-1 ドメインに挿入された）中間ドメイン，C 末端領域からなる（**図 10.1（a）**）．

AAA ドメインは，前述の Walker A/B モチーフ，および**センサー領域**（**sensor 1 モチーフ**および **sensor 2 モチーフ**）などを含む．Hsp104 の二つの AAA ドメインのうち，どちらか一つの Walker A モチーフに変異（保存された G あるいは K の置換変異）が起こると，これらの酵母変異株の獲得性熱耐性は消失し，シャペロン活性も減少あるいは検出されなくなる．これは，AAA ドメインにおける ATP 結合と加水分解が，Hsp104/ClpB の機能にとって必須であることを示すものである．他の AAA^+ ATPase メンバーのように，ATP の

[†] 名称は同じであるが，Hsp70 の ATPase ドメインと構造は異なる．

10. Hsp104/ClpB

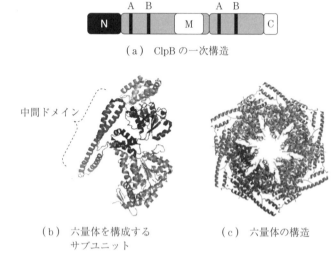

(a) ClpB の一次構造

(b) 六量体を構成する
サブユニット

(c) 六量体の構造

図(a)におけるN，Walker A/B，M，Cは，それぞれN末端ドメイン，Walker A/B モチーフ，中間ドメイン，C末端領域を示す

図 10.1 ClpB の一次構造，およびサブユニットと六量体の構造
(PDBID: 1QVR および 4D2Q (Carroni ら，2014 年))

加水分解反応はタンパク質などの構造変換と共役する。二つの AAA ドメインのうちで，AAA-2 が以下に述べる，基質の「糸通し」において主たる役割を果たすと考えられている。AAA-2 に変異が入ると，AAA-1 における変異よりも，脱凝集活性のはるかに大きな低下が観察される。AAA-1 は，AAA-2 の ATPase 活性を調節していると考えられている。

　一次構造上，中間ドメインは Hsp104/ClpB（Hsp78 も含む）の AAA-1 に挿入されている。Hsp104/ClpB を他の Hsp100/Clp ファミリーメンバーから区別するユニークなドメインが，中間ドメインである。例えば，Hsp100/Clp ファミリーのメンバーで，クラス I に分類される ClpA は，N 末端ドメインと二つの AAA ドメインをもつが，中間ドメインをもたない。なお，ClpA は，プロテアーゼ活性をもつ ClpP と複合体を形成し，タンパク質分解に関与する。4 本の α ヘリックスからなるコイルドコイル（coiled-coil）構造をとる中間ドメインは，後述の六量体リングの外側に突き出ている（図 10.1 (b), (c)）。中間ド

メインはHsp104/ClpBの機能にとって重要な役割を果たす.中間ドメインは,AAA-1や隣接する他の中間ドメインと相互作用し,ATPase活性と脱凝集活性を負に調節する.中間ドメインとAAA-1との相互作用が失われる(中間ドメインがAAA-1から解離して溶媒に露出する)とClpBは活性化する.すなわち,ClpBには,活性が抑制されている状態と脱抑制された状態とが存在し,中間ドメインが抑制状態と脱抑制状態間の相互移行を調節していると考えられる.前述したように,Hsp104/ClpBはHsp70/DnaKと協調的にシャペロン作用をするが,DnaKのATPaseドメインは中間ドメインに結合し,抑制状態を解除し,ClpBを活性化する.

N末端ドメインは,酵母や大腸菌の熱耐性に必要とされず,N末端ドメインを欠損したHsp104やClpBは野生型ClpBと同様の脱凝集活性を示す.N末端ドメインを欠損したClpBは野生株と同様に六量体構造を形成し,そのATPやADPに対する親和性にも変化が見られない.ClpBは他のHsp100/Clpファミリーのタンパク質のように,カゼインなどによってATPase活性が促進されるが,このカゼインによる活性促進の度合いが,N末端ドメインを欠損することで顕著に低下する.これは,N末端ドメインが基質との相互作用に関係することを示すものかもしれない.また,N末端ドメインは,Hsp104の過剰発現による酵母プリオン[PSI^+](後述)の消失(curing)に必要であるとの報告がある.

10.3.3 六量体構造

Hsp104とClpBは,中央に孔を有するホモ六量体(リング)を形成する(図10.1(c)).*Thermus thermophilus*のClpB単量体(サブユニット)の結晶構造が明らかにされているが,六量体の結晶構造解析はまだ報告されていない.クライオ電子顕微鏡[†](cryo-electron microscopy)を用いたHsp104とClpBの六量体の構造解析が精力的に進められてきたが,それぞれの六量体モデルが

[†] 低温電子顕微鏡ともいう.生体内の構造(タンパク質の構造を含む)を染色することなく生のまま凍らせて観察する.

著しく異なるため，論争が繰り広げられた．一方の（Francis T.F Tsai らの）モデルでは，ClpB の AAA-1 ドメインと AAA-2 ドメインは，コンパクトなリングを形成しており，中間ドメインは AAA-1 ドメインのリングから溶媒に突き出ているのに対して，他方では，Hsp104 のリングや中央の穴（空洞）のサイズははるかに大きく，中間ドメインはリング内部に埋まっている．最近の研究により，酵母の Hsp104 の六量体の形状やサイズは ClpB のそれらに類似していて，中間ドメインもリングの外側に位置することが明らかにされている．Hsp104/ClpB の六量体リングは（その側面から見ると）3層の構造からなり，1層目には N 末端ドメイン，2層目には AAA-1 ドメイン，3層目には AAA-2 ドメインが含まれる．

　少なくとも ClpB のオリゴマー構造は，ヌクレオチドや溶液中のイオン強度の影響を受ける．ATP 存在下あるいは低イオン強度溶液では六量体への会合反応が起こりやすく，ADP 存在下あるいは高イオン強度溶液では解離しやすくなる．

10.4　作　用　機　構

10.4.1　アンフォールディングと糸通し

　上述したように Hsp104/ClpB は，中央に孔をもつ六量体リングを形成する．この孔に，変性タンパク質の凝集体やアミロイド線維のポリペプチド鎖が（ATP 依存的に）引き込まれることで，タンパク質の脱凝集・可溶化が行われる．凝集から解放されたポリペプチドは，自発的に，あるいは Hsp70/DnaK などのシャペロンに介助されて折りたたむ．

　凝集体や線維は，そのままでは六量体リングの（直径が小さくポリペプチド鎖〜2本しか通れない）孔を通ることはできない．そこで，凝集体や線維などに含まれるポリペプチド（の少なくとも一部）を引き出して，細孔を通れるように「アンフォールディング」する必要がある．Hsp104/ClpB は，ポリペプチド鎖をアンフォールドすることができる．驚くべきことであるが，Hsp104

はアミロイド線維を「細かく」し可溶化することができるという報告がある。James Shorter と Lindquist（2004 年）によると，ATP と（十分な）Hsp104 を添加すると，5 分後には〜1.1±0.8 μm の長さの線維が〜0.2±0.1 μm にまで小さくなり，20 分後には沈殿画分にはほとんど検出されなくなったという。

Hsp104/ClpB による脱凝集・可溶化のメカニズムには，「アンフォールディング」と「**糸通し**（threading あるいは translocation）」が関係する。この糸通し反応を解析するために，AAA-2 のヘリックスループヘリックスモチーフを ClpA（10.3.2 項）のそれに変えることで，ClpB の機能を保持したまま，プロテアーゼである ClpP に結合できるように改変された変異タンパク質 **BAP**（ClpB-ClpA-P loop）が，Bernd Bukau らのグループによって構築された（2004 年）。ClpP は七量体のリングが二つ重なった 14 量体で，内部にプロテアーゼ活性部位をもつ筒型構造を形成する。この両端に BAP が結合する。アンフォールドされたタンパク質が BAP を通って（「糸通し」されて）ClpP 内部に送り込まれると分解される。**BAP-ClpP 複合体**を用いれば，糸通し反応を基質タンパク質の分解反応として検出することができるわけであるが，実際，この複合体を用いて糸通し反応が観察された。

孔への基質の「糸通し」あるいは引込みには，孔周辺に位置するチロシンが重要な役割を果たすことがわかっている。このチロシンは，AAA ドメインの Walker A モチーフと Walker B モチーフの間に存在する**ポア 1**（pore-1）**モチーフ**において高度に保存されたアミノ酸である。各 ClpB サブユニットの 6 個のチロシンが，リングの孔の内側を縁取るように並んでいる。AAA-2 ドメインのチロシンが変異すると，（BAP-ClpP 複合体を用いて検出される）糸通し活性が完全に失われ，脱凝集活性も検出されなくなる。さらに，このチロシンが変異すると，致死的高温処理後の生存率が $\Delta clpB$ 変異株と同様に減少する。

10.4.2　Hsp70/DnaK シャペロン系と連携した Hsp104/ClpB の脱凝集メカニズム

Hsp104/ClpB が Hsp70/DnaK シャペロン系と連携してはたらくと，変性し

凝集したタンパク質が溶解されて再生することが，細胞および試験管レベルで明らかにされている。Lindquistらは，酵母のHsp104とHsp70/Hsp40が共存すると，おのおの単独で加えても再生しない変性凝集したルシフェラーゼ（分子シャペロンの基質タンパク質）が，ATP依存的に再生する（脱凝集する）ことを in vitro で示した（1998年）。これにつづいて（1999年），Masasuke Yoshida らが好熱菌 Thermus thermophilus の系で，Michal Zolkiewski やBukauらはそれぞれ大腸菌の系で，ClpBとDnaK/DnaJ/GrpE共存下における脱凝集活性を見出した。Krzysztof Liberekら（2001年）は，酵母ミトコンドリアのHsp78と，同じくミトコンドリアのHsp70/DnaKシャペロン系（Ssc1，Mdj1，Mge1）を用いた実験を行い，同様の結果を得ている。さらに彼らは，大腸菌，酵母のサイトゾルおよびミトコンドリアの各Hsp104/ClpBとHsp70/DnaKシャペロン系をさまざまに組み合わせて，それらの互換性を調べた。その結果，Hsp78と大腸菌DnaKシャペロン系あるいは酵母サイトゾルHsp70シャペロン系，Hsp104と大腸菌DnaKシャペロン系あるいはミトコンドリアHsp70シャペロン系の組合せでは，尿素変性ルシフェラーゼは再生しないことが明らかになった。これらの結果は，Hsp104/ClpBはHsp70/DnaKシャペロン系と，種あるいは細胞内局在性特異的に相互作用することを示唆するものである。ただし，大腸菌ClpBは，酵母ミトコンドリアHsp70シャペロン系と協調的にシャペロン作用した。なお，実験条件によっては，DnaK/DnaJ/GrpEのみを添加しただけでも変性凝集したタンパク質が再生することがあるが，これはサイズの小さな凝集塊がDnaKシャペロン系によって可溶化されたためであると考えられる。DnaKシャペロン系にも脱凝集活性が観察されるのである。

　Hsp70/DnaKシャペロン系の脱凝集反応における役割を整理すると，①Hsp104/ClpBに先立って凝集塊に結合し，Hsp104/ClpBをリクルートし凝集塊に作用させる，②Hsp104/ClpBの中間ドメインに結合してHsp104/ClpBを活性化する，③Hsp104/ClpBの糸通し作用によって生じた，アンフォールドされたタンパク質が，自発的に折りたためない場合に，その折りたたみを助ける，などが挙げられる。なお，先に述べたHsp104/ClpBとHsp70/DnaKシャ

ペロン系との種あるいは細胞内局在性特異的相互作用は，中間ドメインが関与しているようである。

Axel Mogk らの総説（2015 年）に基づき，脱凝集のメカニズムを要約するとつぎのようになる。まず，Hsp40/DnaJ がタンパク質凝集塊に結合し，これに Hsp70/DnaK が相互作用し，タンパク質凝集塊に局在化した Hsp70/DnaK が，Hsp104/ClpB をリクルートする（**図 10.2**）。この際，Hsp104/ClpB はその中間ドメインを介して，Hsp70/DnaK の ATPase ドメインに結合する。中間ドメインと AAA-1 などとの相互作用により抑制状態にあった Hsp104/ClpB は，Hsp70/DnaK の結合により中間ドメインが AAA-1 から離れ，脱抑制状態になる。さらに，基質との結合によって Hsp104/ClpB が最大限に活性化される。すなわち，凝集塊に接近し，それと相互作用して初めて，Hsp104/ClpB が活性化されると考えられる。このシャペロンが常時活性化されると細胞毒性を生じるという報告があるので，必要とされるとき，あるいは必要とされる部位でのみ「オン」になる仕組みは，細胞の生存上重要である。凝集塊のポリペプチドの一部が引っ張り出されて，Hsp104/ClpB の「糸通し」作用により六量体リングの孔に引き込まれ，リングから出ることで，脱凝集反応が完了する。

Hsp104/ClpB による脱凝集においては，基質は，Hsp40/DnaJ → Hsp70/DnaK → Hsp104/ClpB と受け渡されていくわけであるが，Hsp70/DnaK からの基質の

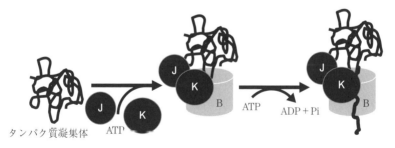

ClpB, DnaK, DnaJ は，それぞれ，B, K, J と略した。まず Hsp70/DnaK, Hsp40/DnaJ がタンパク質凝集体に相互作用し，Hsp104/ClpB をリクルートし，その糸通し作用を活性化する

図 10.2 Hsp104/ClpB と Hsp70/DnaK, Hsp40/DnaJ によるタンパク質凝集体の可溶化機構

解離には，ヌクレオチド交換因子が必要とされないと考えられている。すでに述べたように，GrpE も DnaK の ATPase ドメインに結合するが，ClpB と GrpE の，DnaK における相互作用部位は重複している（Rina Rosenzweig ら，2013 年）。ClpB が DnaK に結合すると GrpE の結合が起こりにくくなる。すなわち，ClpB と GrpE は，DnaK を競合するのである。GrpE が介在せずとも，ATP の加水分解に依存した ClpB の糸通しにより，基質を孔に引っ張り込むことができるのではないかと考えられている。

10.5 細胞における機能

10.5.1 タンパク質凝集塊の可溶化

Lindquist らは，Hsp104 が酵母の獲得性熱耐性に必須であることに加えて，これが細胞におけるタンパク質の凝集塊の可溶化に関与することを初めて明らかにした（1994 年）。この Nature に発表された短い論文は，周到に計画された実験からなり，わかりやすく興味深い結果を報告しているので，以下に簡単に紹介する。

細胞における凝集塊を解析するために，発光細菌のルシフェラーゼ（*Vibrio harveyi* luciferase）を出芽酵母に発現させた（異種発現）。この酵素の活性は，細胞を破壊しなくても測定（ルシフェラーゼ反応で生じる光の測定）可能である。また，このルシフェラーゼが変性しやすいために，変性・凝集を追跡するには便利なタンパク質である。25℃で培養された酵母の野生株と *hsp104* 変異株を，さまざまな高温（～46℃）で処理したところ，前処理（37℃で30分間）のいかんを問わず，両株でこの酵素が同様に失活した。この結果は，Hsp104 がルシフェラーゼの熱不活化の抑制には関与しないことを示唆するものであった。さらに，37℃の前処理後，高温（44℃）処理し，タンパク質合成阻害剤を添加してから細胞を 25℃に戻したところ，シフト後 90 分間では，この酵素の細胞蓄積量に両株で違いは見られなかった。これは，Hsp104 が変性ルシフェラーゼの分解に関与しないことを示唆するものである。

10.5 細胞における機能

　彼らは，（高温から）25℃にシフト後の酵母におけるルシフェラーゼの活性を測定した。44℃処理で，処理前の約20％にまで失活した野生株の酵素活性は，シフト後2時間で90％まで回復した。対照的に，*hsp104*変異株やHsp104のAAAドメイン部位特異的変異株では，酵素活性は回復しなかった。この酵素の再活性化が，変性凝集したルシフェラーゼの脱凝集・可溶化によるものかどうかを調べるために，25℃にシフト後の細胞を破砕して可溶性画分と沈殿画分に分離し，それぞれにおけるルシフェラーゼ（タンパク質）を検出した。高温処理によって不溶化したルシフェラーゼは，25℃に戻した野生株では迅速に可溶化した。ところが，*hsp104*変異株では，25℃にシフト後90分が経過しても，可溶性画分にはほとんど検出されなかった。44℃で処理した酵母野生株（細胞）には，顆粒状のタンパク質凝集塊（負染色像）が電子顕微鏡下で観察されたが，25℃にシフト後2時間のうちに，これは消失した。対照的に，*hsp104*変異株において高温処理で同様に蓄積したタンパク質凝集塊には，2時間では顕著な量的変化が見られなかった。これらの結果は，Hsp104が，ルシフェラーゼにかぎらず，熱変性して凝集した酵母タンパク質の可溶化・再活性化に関与することを示すものである。

　大腸菌のClpBも細胞のタンパク質の脱凝集反応に関与することが示されている。MogkやBukauら（1999年）は，44℃以上で凝集するルシフェラーゼと熱安定な蛍光タンパク質（YFPあるいはCFP）の融合タンパク質を大腸菌に発現させて，細胞内ルシフェラーゼを蛍光によりモニターした。この融合タンパク質は，30℃で培養した大腸菌のサイトゾルには均一に分布しているが，45℃で大腸菌を処理すると融合タンパク質は凝集し，強い蛍光を出すスポットとして観察されるようになった。興味深いことに，ルシフェラーゼが凝集したために生じたものと考えられるこのスポットは，細胞の極（cell pole）に局在した。なお，（融合タンパク質ではなく）蛍光タンパク質だけを発現させて同様の高温処理をしてもこのような現象は観察されなかった。この現象は可逆的で，高温処理した野生株を30℃に移すと，45〜60分後には凝集塊は消失し，ルシフェラーゼ活性も検出されるようになった。野生株とは対照的に，Δ*clpB*

株では，30℃にシフトしても凝集塊は残存しつづけた．酵母のHsp104と同様に，ClpBがないと細胞のタンパク質凝集塊は可溶化されないと考えられる．

10.5.2 酵母プリオンの伝播

プリオンはタンパク質性感染因子で，ヒトやウシなどにプリオン病を引き起こすことについてはすでに述べた（4.5節）．出芽酵母にも，（プリオンの概念が当てはまる）プリオンタンパク質が知られており，これらはプリオン研究の簡便なモデルとして使われている．酵母プリオンの代表例が，[PSI⁺]である．[PSI⁺]は，メンデルの法則に従わない遺伝現象である（[ ]に括ることで，染色体に由来しない遺伝型を意味している）．[PSI⁺]は，翻訳終結に関わる（可溶性）ペプチド鎖解離因子**Sup35**がプリオン化し（プリオンタンパク質になって），これが凝集してアミロイド線維をつくり，その翻訳終結機能が失われることが原因で生じる．Sup35のN末端側には，プリオン形成に関与する（特定の立体構造をとらない）天然変性領域が存在し，この「ドメイン」が**プリオン型**（prion conformationあるいはamyloid conformation）になると，これが鋳型になって，正常型タンパク質を凝集しやすいコンホメーションに変えていくと考えられている．このようなプリオンの誘導はストレス下で生じやすい．なお，酵母プリオンには，Sup35以外にもUre2（窒素代謝制御因子）やRnq1などのプリオンタンパク質の凝集によって引き起こされるものも知られている．

酵母プリオンでは，プリオンタンパク質が培養液に放出されて他の酵母に感染するわけではなく，母細胞から嬢細胞へと酵母プリオンが伝播していく（遺伝する）形をとる．この伝播には，細胞における「適量」のHsp104が必須とされる．「適量」というのはHsp104が少なすぎても多すぎても，プリオンの増殖・伝播にとってよくないのである．Hsp104が欠失あるいは大量発現すると，（少なくともSup35の）プリオンが治る（cure）あるいは消失する（ShorterとLindquist，2004年）．プリオンの凝集体（アミロイド線維）が分断されて複数の断片になり，これらの断片が伸長して大きなアミロイド線維を

形成することでプリオンが維持され，また断片が嬢細胞に伝播すると考えられている。試験管レベルでもこのような伸長現象が見られる。超音波処理によって断片化した線維を単量体溶液に加えると，線維の伸長反応が進行するという。「適量」のHsp104は，増殖・伝播に関与するアミロイド線維の断片を生成・維持するために必要とされると考えられる。なお，酵母プリオンの伝播には，Hsp104以外にも，Hsp70/Hsp40シャペロン系も関与している。プリオンを治す小分子化合物としてグアニジン塩酸が知られている。すなわち，低濃度（数mM）のグアニジン塩酸は，プリオンが関係する表現型を消失させる。グアニジン塩酸は，Hsp104/ClpBのAAA-1に結合し，そのATPase活性を阻害する。また，この化合物はHsp104/ClpBの中間ドメインとAAA-1の相互作用を強めて，Hsp104/ClpBを抑制状態におき，Hsp70/DnaKとの相互作用を消失させると報告されている。

10.5.3 核におけるmRNAスプライシング

高温によってDNA複製や転写，翻訳などが停止する。真核生物の多くの遺伝子は，**イントロン**（アミノ酸配列情報をもたない部分）によって分断されている。一方，アミノ酸配列情報をもつDNA部分は**エキソン**と呼ばれる。イントロンを含む遺伝子は，まずその全長がRNAに転写される。このようにして，mRNA前駆体が合成される。**スプライシング**（splicing）と呼ばれる反応により，前駆体のイントロンは切り捨てられ，エキソンどうしがつぎつぎとつながれて成熟mRNAが生成する。この反応には，低分子RNAとタンパク質の複合体である**スプライソソーム**（spliceosome）が関わっている。スプライシングは核の中で起こり，生成した成熟mRNAは核膜孔を通ってサイトゾルに移行し，翻訳される。正常なスプライシングが行われなかったmRNAがサイトゾルに移行すると，異常なタンパク質が合成されてしまうかもしれないので，スプライシングの調節が正しく行われることは重要である。

高温により，スプライシングが（一過的に）阻害される。このような高温によるmRNAの成熟阻害は，酵母，ショウジョウバエ，ヒトHela細胞などで

1980年代半ばから90年にかけてすでに報告されていた。Lindquistらの一連の研究により，分子シャペロンが高温におけるmRNAの成熟阻害の解除に関与することが示唆された。彼女らは，酵母を穏やかな高温（37℃）で処理すると，（引きつづく）より激しい高温（41℃）における（イントロンを一つ含むアクチン遺伝子mRNAの）スプライシングの阻害が軽減される，あるいは消失することを見つけた。この穏やかな高温処理によりさまざまなHspが誘導されたと考えられるが，特定のHspが関与するかどうかを調べるために，野生株と，分子シャペロンの一つであるHsp104遺伝子変異株におけるスプライシングを比較したところ，高温（41.5℃で1時間）下で，どちらの株でもmRNA前駆体が蓄積し，成熟mRNAは消失した。高温から通常の培養温度である25℃にシフトすると，野生株ではほとんどの前駆体mRNAは20分以内に消失し成熟mRNAが蓄積するようになったが，変異株では，成熟mRNAが検出されるまでには1時間以上を要した。この結果は，Hsp104が機能しないと，（一過的な）スプライシング阻害の解除あるいはスプライシングの再開が著しく遅延することを示唆するものである。

　これらの結果は，Hsp104は熱ショックで誘導されて，スプライシングに関与するタンパク質と相互作用し，スプライシングに直接的あるいは間接的に関与することを示唆するものである。なお，Hsp104を含むHspは高温下で顕著に合成されるので，Hsp遺伝子の前駆体mRNAのスプライシングが高温阻害されるとは考えにくい。それでは，Hsp遺伝子のmRNAの成熟・合成は，どうして高温阻害を受けないのであろうか。高温でHspが合成される理由の一つとして，主要なHsp遺伝子の多くがイントロンをもたないため，スプライシング阻害の影響を受けにくいことが挙げられる。さらに驚くべきことに，たとえイントロンをもっていても，分子シャペロンの一つであるHsp90などのいくつかのHspをコードする遺伝子の転写産物は，正しくスプライシングを受けるという報告もある。ただし，このようなことはなにもHsp遺伝子だけに限ったことではないかもしれない。

11 低分子量 Hsp

低分子量 Hsp（small heat shock proteins, **sHsp**）は，生物界の三つのドメインのすべてに存在する普遍的な分子シャペロンであるが，その一次構造は，Hsp60 や Hsp70 と比べるとはるかに多様化している．一般的に大きなオリゴマーを形成する．Hsp60, Hsp70, Hsp90 や Hsp104/ClpB とは異なり，ATP を結合して加水分解することはない．しかしながら，Hsp60, Hsp70, Hsp90 のように，sHsp は変性タンパク質の凝集を抑制する（図 11.2 参照）．sHsp に結合し，凝集を免れた変性タンパク質は，再生可能な状態に維持されていて，Hsp70/DnaK シャペロン系が共存すると，これらのシャペロン作用で元の機能的構造に折りたたむことができる（図 11.3 参照）．このように，sHsp は他の ATPase 活性をもつシャペロン（系）と協調的にはたらくのである．このシャペロンが関係する病気も知られている．その一つが白内障である．眼の水晶体（レンズ）の中には**クリスタリン**（crystallin）と呼ばれる数種類の可溶性の構造タンパク質が詰まっているが，クリスタリンタンパク質の一つが sHsp で，水晶体の透過性維持に深く関与していると考えられている．sHsp は，筋疾患，がん，神経変性疾患などのさまざまな病気にも関与していると報告されている．

11.1 研究の端緒

ショウジョウバエの，比較的サイズの小さい複数種の Hsp として，Tissières らによって発見された（1974 年, 2.2 節 参照）．その後，これらの sHsp（**Hsp22**, **Hsp23**, **Hsp26** および **Hsp27**）をコードする mRNA が熱ショックにより増加することが明らかにされた（1980 年）．1982 年には，Craig らによって，上記の 4 種類の sHsp をコードする遺伝子の塩基配列が決定された．推定アミノ酸配

列に基づき，彼女らは，これらの sHsp の N 末端から数えて 85〜195 番目のアミノ酸配列に保存性が見られること，さらに，この領域のアミノ酸配列がウシの α-クリスタリンのそれと高い相同性を示すことを発見した．低分子量 Hsp という名称からは，一次構造上の保存性とは関係のない，比較的小さな Hsp の総称であるかのような印象を受けるが，ショウジョウバエの複数種の sHsp は一つのタンパク質ファミリーをなすことが明らかになったのである．おそらく，誤解を避けるためであると想像されるが，small（あるいは low molecular weight）heat shock protein ではなく，alpha-crystalline-related heat shock protein と記述されることもある．なお，眼の水晶体のクリスタリンが大きなオリゴマーあるいは凝集体を形成することは，Hans Bloemendal らによって 1970 年代にはすでに明らかにされていた．ショウジョウバエの細胞を，ステロイドホルモンのエクダイステロン（ecdysterone，昆虫ホルモンの一種で脱皮ホルモン）で処理すると，（熱ショック誘導とは独立して）上記の複数種の sHsp が誘導蓄積した（Robert C. Ireland と Edward M. Berger，1982 年）．これは，sHsp が（他の分子シャペロンと同様に）高温ストレス以外の条件でも機能することを示唆するものである．実際，熱ショックがなくとも，ショウジョウバエの sHsp の発現が発生過程で時間的・組織特異的に制御されていることが明らかにされた（〜1990 年）．

初期の大腸菌 Hsp（熱ショックで新規合成されるタンパク質）の解析では，sHsp が検出されなかったようであるが，1992 年になって，Steven P. Allen らによって，異種タンパク質（ヒトのレニンやウシのインスリン様成長因子など）を大腸菌で高発現させたときに生じる封入体に強固に結合する，2 種類の 16 kDa タンパク質が sHsp であると報告された．これらのタンパク質は，**IbpA**（inclusion body-associated protein A）および **IbpB** と命名された．彼らは，これらのタンパク質を精製し，さらに N 末端のアミノ酸配列（推定）に基づきオリゴヌクレオチド†プローブを調製し，IbpA と IbpB をコードする遺

---

† オリゴ（oligo）は，ギリシャ語で「少ない」を意味する．オリゴヌクレオチドは，〜20 個程度のヌクレオチドからなる．

伝子をクローニングした。その結果，これらの遺伝子（***ibpA*** と ***ibpB***）が一つのオペロンを形成することや，このオペロンの 5′ 上流に熱ショックプロモーターが存在することが明らかになった。したがって，このオペロンは，シグマ 32 因子を介した熱ショック誘導を受けるものと予想されたが，実際，野生株では熱ショック誘導が起こるのに対して，*rpoH* 変異株では検出されなかった。二つのタンパク質のアミノ酸配列は〜50％同一で，真核生物の sHsp に低いながらも相同性を示す領域が存在した。Allen らは，熱ショック後の野生株の細胞抽出液中の Hsp を SDS-PAGE（2.2 節）で分離し，タンパク質をクマシーブリリアントブルー（CBB）で染色したが，Ibp は GroEL や DnaK のように明瞭に検出されなかった。しかし最終的に，イムノブロッティング（immunoblotting）法を用いることで検出された。一方，好熱性シアノバクテリアの sHsp は，熱ショック後の細胞抽出液中のタンパク質を SDS-PAGE で分離し CBB 染色することで容易に検出されることを筆者らは報告している。これは，バクテリアの種類によって，sHsp の発現レベルが顕著に異なることを示すものである。

11.2 　生物種間分布，細胞内局在

　sHsp は，三つの生物界ドメインのすべてに存在する，起源が非常に古いタンパク質である。一般的に，古細菌や真正細菌は 1〜2 種類の sHsp をもっている。しかしながら，*Campylobacter jejuni*, *Chlamydia pneumoniae*, *Haemophilus influenzae*, *Helicobacter pylori*, *Mycoplasma pneumoniae* などの病原微生物には，sHsp をコードする遺伝子がないと報告されている。なお，これらの微生物のゲノムサイズは，2 Mb 以下と比較的小さい。一方，根粒菌 *Bradyrhizobium japonicum* のような共生細菌は，10 種類以上の sHsp をコードする遺伝子をもっている。多細胞真核生物においては，sHsp の種類は非常に多い。例えば，ヒトのゲノムには，**αA-クリスタリン**や **αB-クリスタリン**以外に，8 種類の sHsp をコードする遺伝子が存在すると報告されている。高等植物には少なくとも 12 の sHsp 遺伝子ファミリーが存在し，これらの各ファミリーのメンバー

を総計するとsHsp遺伝子は（一つの種で）20を超えるという。植物のsHspは，サイトゾルのみならず，他のほとんどのオルガネラ，すなわち葉緑体，ミトコンドリア，小胞体，ペルオキシソーム，核に存在する。

11.3 構造と機能

11.3.1 構造的特徴

上記のように，普遍的に存在するsHspの一次構造は非常に多様化していて，動物（後生動物），植物，菌類などで独自に進化してきたと考えられている。単量体の分子質量も12〜42 kDaと一定ではない。sHspは，種々の長さのN末端配列（NTS），〜95個のアミノ酸からなる**α-クリスタリンドメイン**（**ACD**），および短いC末端配列（CTS）からなる（**図11.1（a）**）。ACDは，β-サンドイッチ構造あるいは**免疫グロブリン様の折りたたみ**（immunoglobulin fold）**構造**をとる。例えば，超好熱古細菌 *Methanococcus jannaschii* のsHsp（MjHsp16.5）のACDは，〜4本のβストランドからなるβシートが2枚，サンドイッチ状に重なった構造をとる（図（b））。ACDは，sHspに保存された特徴的な構造である。ACDと比べるとNTSとCTSの保存性は乏しい。

α-クリスタリンを含む，多くのsHspは，多分散の（polydisperse），12〜50

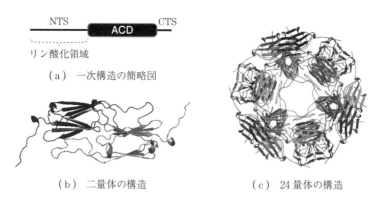

(a) 一次構造の簡略図

(b) 二量体の構造　　　(c) 24量体の構造

図11.1 低分子量Hspの一次構造の簡略図と *Methanococcus jannaschii* 由来の低分子量Hspの高次構造（PDBID: 1SHS（Kimら，1998年））

個の（同一あるいは異種の）サブユニットからなる大きなオリゴマーとして検出される（なお，後述するように2個からなるsHspも存在する）。しかしながら，*M. jannaschii* のsHspのオリゴマーは，ゲル濾過カラムクロマトグラフィーにおいて400 kDa（24量体）の単一のピークとして検出され，電子顕微鏡下でも直径15〜20 nmのほぼ均一な顆粒として観察される（図(c)）。分裂酵母[†]（fission yeast, *Schizosaccharomyces pombe*）のsHsp（SpHsp16.0）や好熱性シアノバクテリア *Synechococcus vulcanus* のsHsp（HspA）も同様に単分散性を示す。

sHspの多分散性はサブユニット交換に由来する。したがって，sHspオリゴマーは動的な集合体（ensemble）であり，この特性が分子シャペロン機能と関係していると考えられている（後述）。これらのオリゴマーは，二量体を基本単位として構築されている。ACDは安定な二量体を形成するが，ACDだけでは大きなオリゴマーを形成しないと報告されている。ACDの両側に存在するNTSとCTSが高次のオリゴマー形成に必要とされると考えられる。

11.3.2 シャペロン作用機構

変性タンパク質の凝集を抑制するsHspは，変性タンパク質に結合し，**sHsp-変性タンパク質複合体**を形成する。この複合体は可溶性であるため，複合体形成により変性タンパク質の凝集が抑制されると考えられる。例えば，リンゴ酸脱水素酵素（MDH）を高温（45℃）で処理すると，**図11.2**に示すように溶液濁度が上昇するが，シアノバクテリアのsHspは濁度増大を抑制する。MDHの熱変性凝集物は，遠心分離によって沈殿画分に回収されるが，sHspがあるとそれが検出されなくなる。さまざまなsHspは，このような変性タンパク質の凝集反応阻止活性をもつと報告されている。

sHspは，高温や酸化ストレスなどで生じる，タンパク質変性初期の中間体（アンフォールド中間体）を安定化すると考えられている。sHspと結合した変

[†] 動物細胞と同じように核が2個に分裂後，細胞の中央に隔壁を形成して分かれることで増殖する酵母の総称。出芽酵母 *Saccharomyces cerevisiae* は出芽によって増殖する。

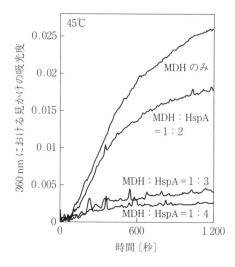

図11.2 MDHの熱変性による凝集と、低分子量Hsp（HspA）による凝集抑制（図には，反応液中に存在するMDHとHspAのモル比を記した（Kobayashi and Nakamoto, 未発表））

性初期中間体の中には，sHspから解離して自発的に折りたたむものも存在するようであり，1990年代には，sHspがATP「非依存的」に変性タンパク質の再折りたたみ（refolding）を促進するシャペロンである，という報告が多数見受けられた．しかしながら，概してsHspは変性タンパク質と強固に結合するため，タンパク質は容易に解離しない．例えば，好熱性シアノバクテリアのsHsp共存下で，MDHを高温（45℃）処理し（sHsp-MDH複合体を形成させた後），この反応液を25℃に移行して1時間放置しても，MDH活性がまったく回復しない．これは，基質は変性状態でsHspと結合していて，この変性基質がsHspから解離しないことを示唆するものである．

In vitro の実験により，sHspに結合した基質は，他の分子シャペロンの作用を受けて，sHspから解離し天然構造に折りたたむことが明らかにされている．すなわち，ストレス下で変性したタンパク質は，再生可能な状態でsHspに結合していると考えられる．sHspに結合したタンパク質は，Hsp70/Hsp40あるいはDnaK/DnaJ/GrpEシャペロン系に移行し，これらに助けられて再活性化する（図11.3）．sHspが存在しないとMDHは不溶性の凝集体を形成する．その一部（サイズの小さいもの）はDnaK/DnaJ/GrpEシャペロン系によって再生されるが，変性時にsHspが存在する場合に比べて折りたたみの収率は悪い．

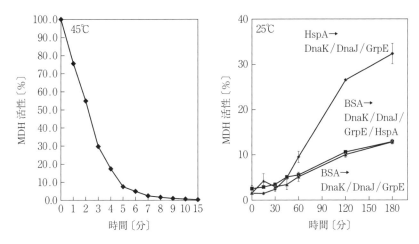

図11.3 低分子量Hsp（HspA）あるいはウシ血清アルブミン（BSA，対照タンパク質）存在下におけるMDHの熱変性・失活とDnaK/DnaJ/GrpEシャペロン系によるMDHの再活性化（図の→は，45℃から25℃への温度シフトを示す）（Kobayashi and Nakamoto, 未発表）

変性タンパク質濃度が非常に高くなり，sHspの凝集阻止能の限界を超えてしまうと，sHspは変性タンパク質と共凝集する．すでに述べたが，封入体にIbpA/Bが検出されたのはこれが理由ではないかと考えられる．凝集塊が大きくなりすぎると，Hsp70/Hsp40あるいはDnaK/DnaJ/GrpEだけでは再活性化は不可能であるが，すでに述べた脱凝集活性を有するClpBが共存すると，変性タンパク質は元の構造に折りたたむ．なお，GroEL/GroESも，DnaK/DnaJ/GrpEのようにsHspと協調的にシャペロン作用し，変性タンパク質の再活性化を促進するという報告がある．

11.3.3 基質とその認識

熱ショック条件下でsHspと結合する，あるいは凝集が阻止されて再生可能な状態に維持されるタンパク質基質の探索が行われている．Elizabeth Vierlingらは，共免疫沈降法などにより，シアノバクテリア（*Synechocystis* PCC 6803）のsHsp（**Hsp16.6**あるいはHspAと呼ばれる）と，高温下で特異的に相互作用する42種類の高温不安定な基質を見つけた（2004年）．sHspと結合

したこれらのタンパク質は DnaK/DnaJ/GrpE シャペロン系により ATP 依存的に可溶化（再生）された。質量分析により同定された 13 種類のタンパク質は, 転写（RNA ポリメラーゼサブユニット）, 翻訳（リボソームタンパク質, 翻訳伸長因子）, 二次代謝（シキミ酸キナーゼ）などに関連するものや, 酸化還元酵素（Ferredoxin-NADP$^+$ reductase や Heme oxygenase）などであった。このような結果に基づき, sHsp には顕著な基質特異性は認められないと彼女らは結論づけた。大腸菌の sHsp（IbpB）の基質も同定されている。Zengyi Chang らは, パラベンゾイルフェニルアラニン（BPA）を用いた, *in vivo* 部位特異的光架橋法によって, IbpB と架橋された 110 種類のタンパク質を質量分析によって同定した（2013 年）。これらの基質は, 30℃ あるいは 50℃ のどちらか, あるいは両方の温度で IbpB と相互作用したが, *ibpB* 変異株では, これらの多くが高温で凝集した。基質タンパク質は, 代謝, DNA の複製・転写・翻訳などに関連するものであったが, 特に, アミノアシル tRNA 合成酵素[†1]（aminoacyl-tRNA synthetase）, リボソームタンパク質, 翻訳伸長因子などの翻訳関連タンパク質や, 多くの代謝関連酵素が IbpB の基質として同定された。

　化学架橋実験, 質量分析あるいペプチドライブラリー[†2]（peptide library）を用いた分析などにより, sHsp の NTS（11.3.1 項）に基質との相互作用に関与する部位（領域）が存在すると報告されている。この NTS には, 溶媒に露出した疎水性表面が存在すると, 分子動力学法（molecular dynamics simulations）などで予測されている。なお, NTS に加えて, ACD および CTS ドメイン（領域）も基質との結合に関与することを示唆する報告もある。基質結合部位が, 進化的に保存されていない NTS に存在することは, sHsp の基質特異性の多様化と関係しているのかもしれない。

[†1] タンパク質の生合成において, アンチコドン（あるアミノ酸を指定するヌクレオチドの三つ組であるコドンと塩基対を形成する）の暗号に適合したアミノ酸を転移 RNA（tRNA）に結合させる酵素。
[†2] 多数の異なるペプチドの体系的な組合せ。

11.4 sHspオリゴマーの解離・会合とシャペロン機能調節

11.4.1 熱ショックによる調節

　熱ショック温度でオリゴマーが解離すること，この解離は可逆的で温度を下げると元のオリゴマー状態に戻ること，熱ショック温度で安定なsHsp-基質複合体が形成されること，などがゲル濾過カラムクロマトグラフィーなどを用いた解析によって明らかにされている。この可溶性のsHsp-基質複合体のサイズは，基質を結合していない（解離前の）sHspオリゴマーよりも大きい。このsHsp-基質複合体は，解離したsHsp（主に二量体）が，基質を結合したオリゴマーに再構築されたものであると考えられている。

　熱ショックにより，多分散性のsHspは，大きなオリゴマーが多数を占める「不活性な」組合せ・集合[†]（ensemble）から，より小さく「高活性な」集合へ平衡がシフトする。sHspオリゴマーが解離すると，オリゴマー構造の中に取り込まれていた基質結合に関与するNTSが露出し，これが基質結合部位として機能するため活性化する（基質との親和性が増大する），と考えられている。sHspの解離産物の中で，少なくとも二量体が活性型であることは，大きなオリゴマーを形成せずに二量体で存在するシロイヌナズナのAtHsp18.5がシャペロン活性を示すことから支持される（Eman BashaとVierlingら，2013年）。他のsHspと同様に，AtHsp18.5は変性したモデル基質に結合し，大きなsHsp-基質複合体を形成する。AtHsp18.5の変異体を用いた解析により，NTSが基質との相互作用やシャペロン作用に必要とされることが示されている。なお，酵母のHsp42などのsHspは，熱ショック温度でも解離しないが，変性タンパク質の凝集形成を抑制しうるという報告もある（Martin HaslbeckとJohannes Buchnerら，2004年）。

　なお，このsHspオリゴマーの解離温度が，それぞれのsHspが由来する生

　[†] サイズの異なる，さまざまなオリゴマーが，それぞれ平衡反応によって，ある量比で存在すること。

物の生息温度を反映していて,生理的・生態学的意味をもつのではないかという議論もされている(HaslbeckとVierling,2015年)。

11.4.2 sHspのリン酸化による調節

哺乳類動物などのsHspは翻訳後修飾される。最もよく研究されているのがリン酸化による修飾である。例えば,ヒトHsp27(HspB1)は,熱ショックによりリン酸化が誘導される(Andre-Patrick ArrigoとWilliam J. Welch,1987年)。このリン酸化は,熱ショック後数分で検出されるという。Matthias GaestelやJacques Landryらによって,MAPKAP-K2/3が,Hsp27の3個のセリン残基(S15, S78, S82)をリン酸化することが明らかにされている。MAPKAP-K2/3は,**MAPK**(mitogen-activated protein kinase)**ファミリー**のメンバーであり,ストレスや炎症性サイトカイン[†]により活性化されるp38を介したシグナル伝達系の下流に位置するキナーゼである。このsHspのリン酸化は,熱ショック,炎症性サイトカイン,分裂促進因子(mitogen)に加えて,抗がん剤,過酸化水素などの酸化剤によっても誘導され,可逆的(一過的)である。αB-クリスタリンのセリン残基(S19, S45, S59)もリン酸化されるが,それぞれのリン酸化は異なる調節を受けるという(Kanefusa Katoら,1998年)。

リン酸化は,sHspオリゴマーの解離・会合に影響する。リン酸化により生じる負電荷が,サブユニット間の相互作用を弱めるためであると考えられる。リン酸化により,より小さなオリゴマー(四量体や二量体)の形成が促進されるのに対して,脱リン酸化は,より大きなオリゴマー形成のほうにシフトさせる。例えば,ゲル沪過カラムクロマトグラフィーなどを用いて解析すると,Hsp27の3個のセリン残基のうち一つあるいは二つがリン酸化されると,小さなオリゴマー(四量体)が出現すると報告されている。しかしながら,小さなオリゴマーに加えて,大きなオリゴマー(平均分子質量530 kDa,24量体)も

[†] サイトカイン(cytokine)は,細胞から放出され,細胞間相互作用を媒介するタンパク質の総称で,炎症性サイトカインは炎症反応などの制御作用を示すサイトカインのこと。

共存するが，3個すべてがリン酸化されると小さなオリゴマーのみが検出されるようになる。リン酸化はsHspの機能に影響するが，予想に反して，Hsp27の3個すべてのセリンがリン酸化されると，そのシャペロン活性（変性タンパク質の凝集抑制活性）が減少するという報告がある。

　sHspのリン酸化には，なんらかの生理学的意義があるのだろうか。Hsp27やαB-クリスタリンは，骨格筋などで構成的に発現し，高濃度で存在する。Hsp27は，アクチンに結合し，その重合を阻害するタンパク質として発見された。Hsp27やαB-クリスタリンは，細胞骨格と相互作用し，そのポリマー構造の安定化や重合反応の調節に関与し，ストレスなどから細胞骨格を防御すると考えられている。これらのsHspが（ストレスなどで）リン酸化されると，サイトゾルから細胞骨格に局在するようになる。このようなことから，sHspは，細胞骨格のアクチンやアクチンフィラメントと相互作用してストレス下におけるこれらの損傷を妨げると考えられている。Hsp27のリン酸化体の類似体としてセリンをアスパラギン酸に変換した変異タンパク質が，アクチンやF-アクチン（fibrous actin，アクチンが多数重合して線維状になったもの）と相互作用してこれらの変性凝集を抑制することが試験管レベルの実験で明らかにされているが，これはsHspの細胞骨格防御における役割を支持するものかもしれない。一方，sHsp（Hsp25やHsp27）の大部分がF-アクチンと細胞内で共局在しないことや，過酸化水素によって誘導されるアクチン損傷に対するsHspの防御効果にとって，そのリン酸化が重要ではないという報告もある。

11.4.3　ヘテロオリゴマー形成による調節

　sHspオリゴマーにおいてはサブユニット交換が起こると書いたが（11.3.1項），このような動的な特性ゆえに，sHspは，他のsHspとヘテロオリゴマーを形成することがある。ヘテロオリゴマー形成により，sHspの機能も変化することがある。大腸菌には2種類のsHspであるIbpAとIbpBが存在するが，これらは高温でヘテロオリゴマーを形成する。高温変性条件下で，IbpAとIbpBが共存しないと，（ホタル）ルシフェラーゼなどの基質の凝集体が，

DnaK/DnaJ/GrpE/ClpB シャペロン系のはたらきで再生されうる状態に保持されないことから，IbpA-IbpB のシャペロン機能にとってヘテロオリゴマー形成が重要であることが示唆されている（Liberek ら，2005 年）。眼の水晶体に存在する αA-クリスタリンと αB-クリスタリンもヘテロオリゴマーを形成する。一方，酵母のサイトゾルに存在する Hsp26 と Hsp42 はヘテロオリゴマーを形成しない。被子植物のサイトゾルには，少なくとも 6 種類の sHsp サブファミリーが存在し，これらの間ではヘテロオリゴマーは形成されない。しかしながら，同じサブファミリー（少なくともあるサブファミリー）のメンバー間ではヘテロオリゴマーの形成が観察される，と報告されている。

11.5 sHsp のストレス耐性やさまざまな病気への関与

以下に詳しく述べるように，sHsp は，ストレス耐性に加え，タンパク質分解，細胞死，眼の水晶体の透明性の維持，さらに，筋疾患（myopathies），がん，神経変性難病などのさまざまな病気に関与する。

11.5.1 ストレス耐性

sHsp を構成的に（大量）発現することにより熱耐性が増大するという報告は多数ある。例えば，ヒト Hsp27 の構成的発現によるハムスターやマウスの細胞の熱耐性獲得，ウシの αA-クリスタリンの大量発現によるヒト HeLa 細胞やマウス NIH 3T3 細胞の熱耐性獲得，ユリ（David Lily）の LimHSP16.45 の大量発現によるトランスジェニック植物（シロイヌナズナ）の熱耐性獲得，IbpA，IbpB，あるいは両方の Ibp の大量発現による大腸菌の熱耐性獲得，好熱性シアノバクテリア（*Synechococcus vulcanus*）の sHsp（HspA）の大量発現による常温性シアノバクテリア（*Synechococcus* sp. PCC7942）の熱耐性獲得などの報告がされている。一方，大腸菌の IbpAB や，出芽酵母の Hsp26 あるいは Hsp42 をコードする遺伝子の破壊株や欠失株の表現型は，対照株となんら変わらない。これらの変異株とは対照的に，シアノバクテリア

11.5 sHsp のストレス耐性やさまざまな病気への関与

Synechocystis sp. PCC 6803 の sHsp（Hsp16.6）遺伝子の破壊株は高温感受性を示す。

　sHsp は，高温のみならず，酸化ストレスに対する耐性も与える。例えば，ヒトやショウジョウバエの Hsp27 やヒトの αB-クリスタリンを構成的に発現することにより，線維芽細胞（murine fibroblast）は，過酸化水素（活性酸素の一種）や過酸化水素発生源として用いられるメナジオン[†1]（menadione）によって生じる酸化ストレスに対する耐性を獲得する。これらの sHsp は，腫瘍壊死因子（TNF-α）に誘導される細胞死に対しても保護的に作用する。このような酸化ストレスへの耐性付与は，Hsp27 が，グルコース-6-リン酸脱水素酵素活性の正の制御に関係し，細胞のグルタチオン[†2]（glutathione）を還元型に維持することで生じるものと説明されている。

　除草剤の一つであるパラコート（paraquat あるいは methylviogen）は，生体（細胞）内で一電子還元されてラジカルとなり，スーパーオキシド[†3]（superoxide）やヒドロキシラジカル[†3]（hydroxyl radical）などの活性酸素種を産生する。これらの活性酸素により，タンパク質，脂質，核酸などが酸化的損傷を受けるため細胞毒性が生じる。IbpA/IbpB を大量発現することにより大腸菌のパラコート耐性が増大すると報告されている（Tetsuaki Tsuchido ら，2000 年）。一方，sHsp 遺伝子（*hspA*）を破壊することによりシアノバクテリアのパラコート感受性が高まる（筆者ら，2009 年）。HspA を大量発現するシアノバクテリア形質転換株は過酸化水素に対する耐性も示すが，大腸菌の IbpA/IbpB 大量発現株や遺伝子破壊株の表現型は対照株と変わらない。sHsp を大量発現する前述のトランスジェニック植物は，酸化ストレス（過酸化水素）や塩（NaCL）耐性も獲得したと報告されている。興味深いことに，この実験ではこのトランス

[†1] ビタミン K の一種。
[†2] 三つのアミノ酸（グルタミン酸，システイン，グリシン）からなるペプチド。生体内の酸化還元反応に重要な役割を果たす。
[†3] スーパーオキシドは，活性酸素の一種であり，酸素分子が 1 電子還元されたもの。ヒドロキシラジカルは，活性酸素の中で最も反応性が高く，タンパク質，DNA，脂質などを損傷させる。

ジェニック植物における活性酸素除去に関与するスーパーオキシドジスムターゼ[†1]（superoxide dismutase）や，カタラーゼ[†2]（catalase）の活性が高まっていた。筆者らも，HspA が塩ストレス耐性に関与することを報告している（2004年）。

sHsp が，試験管レベルでタンパク質の変性凝集を抑制することについてはすでに述べた。細胞の中は，タンパク質の種類や濃度も著しく異なり，他の分子シャペロンも共存するが，sHsp が存在しないと高温におけるタンパク質の凝集（不溶化）が起こりやすくなり，sHsp が大量発現するとそれが抑えられることが，大腸菌や酵母で示されている。

11.5.2 タンパク質分解や細胞死

sHsp は，直接あるいは間接的にユビキチン・プロテアソーム系と相互作用して，タンパク質の選択的分解に関与する。例えば，Hsp27 は，**NF-κB**（nuclear factor-κB）の抑制タンパク質である **IκBα**（inhibitor of NF-κB）のユビキチン化とその分解を促進する。NF-κB は転写因子で，免疫応答や細胞の生存など多彩な生命現象に関与している。sHsp（Hsp27（HSPB1）と Hsp22（HSPB8））は，オートファジーにも関与すると報告されている。

Hsp27 は，ミトコンドリアからサイトゾルに放出されたシトクロム c（cytochrome）と結合し，アポトソーム（8.7.1項）の形成を阻害する。そのため，下流の細胞死実行カスパーゼが活性化されず，カスパーゼに依存したミトコンドリア経路による細胞死が抑制される（Carmen Garrido ら，2000年）。

11.5.3 白内障

sHsp ファミリーの中で最もよく研究されているのは，二つの α-クリスタリン，すなわち αA-クリスタリン（**HspB4**）と αB-クリスタリン（**HspB5**）で，

[†1] スーパーオキシドと水素イオンを反応させ酸素と過酸化水素を生成する反応を触媒する酵素。細胞のスーパーオキシド濃度を低下させ，ヒドロキシラジカル生成を抑え，活性酸素障害から細胞を保護する。
[†2] 過酸化水素の水分子と酸素への分解反応を触媒する酵素。

〜60％のアミノ酸配列上の同一性を示し，脊椎動物の眼の水晶体タンパク質の〜30％を占める．80歳以上になるとほぼすべての人に生じるといわれる白内障は水晶体に混濁が起こり発症する．この加齢性疾患は，水晶体の主要タンパク質であるクリスタリンタンパク質が（例えば加齢に伴ってさまざまな翻訳後修飾を受けることで）間違った折りたたみや凝集をして不溶化することが一因となって引き起こされる．水晶体の透明性がどのように維持されているかに関しては十分解明されていないが，αA-およびαB-クリスタリンは他の水晶体のタンパク質（β-あるいはγ-クリスタリンなど）と相互作用し，それらの変性や凝集を抑え，透明性の維持に貢献していると考えられている．実際，常染色体優性先天性白内障を引き起こす遺伝子変異の一つとして，αA-クリスタリンの**ミスセンス変異**[†1]（missense mutation）（**R49C**や**R116C**など），αB-クリスタリンのミスセンス変異（**R120G**など）やフレームシフト突然変異[†2]（frameshift mutation）などが報告されている．上記のミスセンス変異が，αA-クリスタリンやαB-クリスタリンの構造やシャペロン機能に大きな影響を与えることが試験管レベルの実験で示されている．水晶体を構成する繊維細胞は，その分化・成熟・老化の過程で，核やミトコンドリアなどのオルガネラに加えて，リボソームも失う．細胞で新規タンパク質合成が起こらないことを考慮すると，αA-クリスタリンやαB-クリスタリンによる水晶体タンパク質の品質管理は重要である．

Jason E. Gestwickiらは，小分子化合物の網羅的解析によって，αB-クリスタリン（R120G変異タンパク質）に結合し，それを安定化する化合物を見つけた（2015年）．そのうちの一つの化合物（5-cholesten-3b, 25-diol）の溶液を，白内障モデルマウス（αA-クリスタリン R49C あるいは αB-クリスタリン R120G の変異を有するマウス）の，すでに白内障を発症した眼に滴下すると，

[†1] 突然変異によって，あるアミノ酸に対するコドンが他のアミノ酸に対するコドンとして読み取られること．
[†2] 遺伝子DNAに，1個あるいは複数個（3の倍数ではない）のヌクレオチド対の付加あるいは欠損が起こった結果，その下流ではまったく異なるアミノ酸配列をもつタンパク質を生じる変異．

水晶体の透過性が改善された。この化合物は，老化したマウスの水晶体の透過性もある程度回復させた。これらの研究はαA-クリスタリンやαB-クリスタリンを安定化させることで，白内障の予防や治療が可能であることを示すものである。これも最近の報告であるが，白内障におけるタンパク質凝集を抑制し透明度を回復させる小分子化合物として**ラノステロール**（lanosterol）が発見された。この化合物がクリスタリンに作用するかどうかなどに関しては不明である。

11.5.4　が　　　　ん

Hsp70やHsp90に加え，sHspは，さまざまな種類のがんで高発現している。sHspの発現量と抗がん剤への耐性との間に強い相関があると報告されている。さらに，sHspは化学療法や放射線治療への抵抗性を付与し，浸潤・転移や予後不良とも関連することが示されている。このようなことを背景にして，Hsp27をがん治療の標的分子として，それを阻害するアンチセンス薬[†]（antisense drug）の開発や小分子化合物の探索・開発などが行われている。

sHspは，がんのhallmark（8.7.1項）の多くに関係する。例えば，Hsp27は，がん細胞の増殖，アポトーシスなどによる細胞死の抑制，p53経路を介した老化（senescence）の抑制，がん幹細胞の維持，浸潤・転移などに必要（必須）とされるという報告がある。がん治療では複数種の抗がん剤が投与されることが多いが，（薬剤による）Hsp27のリン酸化阻害によって抗がん剤（5-fluorouracil）への感受性が増強したという興味深い報告がある。

11.5.5　筋疾患や神経変性難病

αB-クリスタリンは，水晶体に加えて，骨格筋や心筋にも多く存在する。αB-クリスタリンをコードする遺伝子の変異，例えば，R120Gミスセンス変異

[†] （遺伝性あるいは感染性）疾患に関わる遺伝子と相補鎖を形成するようにデザインされたDNAやRNAを細胞内に導入することによって，遺伝子機能発現を抑制することを狙った医薬品。

(Patrick Vicart ら，1998 年）により，白内障に加え，骨格筋の萎縮や心筋障害が生じる。αB-クリスタリンの遺伝子変異が関係する疾患（**筋原線維性ミオパチー**，myofibrillarmyopathies）は，筋細胞における変異 αB-クリスタリンと中間径フィラメントタンパク質であるデスミンを含む不溶性凝集体の形成という病理学的特徴を示す。中間径フィラメントは，アクチンフィラメントのように細胞骨格を構成する線維構造であるが，デスミンは機械的ストレスから筋構造を保護すると考えられている。R120G 変異が αB-クリスタリンの構造や機能に影響を与えることはすでに述べたが，この変異が αB-クリスタリンのデスミンに対する結合特性に影響し，解離定数の減少や結合能の増大を引き起こすという *in vitro* の解析結果も報告されている。

Hsp22（HspB8）の変異（**K141N** や **K141E**）により，神経系疾患の一つである**遠位遺伝性運動ニューロパチー**（distal hereditary motor neuropathies）が引き起こされる。この変異は，**シャルコー・マリー・トゥース病**（Charcot-Marie-Tooth disease）という末梢神経疾患にも関係する。なお，141 番目のリシン（K141）は，α-クリスタリンドメイン（ACD）を構成する。αB-クリスタリンは，**アレキサンダー病**（Alexander disease）と呼ばれる遺伝性神経変性疾患に関与するという報告もある。

引用・参考文献

■ 参考図書
―ストレス，タンパク質の一生，分子シャペロンなどについて．

　日本語で書かれた参考書
　1) 杉　晴夫：「ストレスとはなんだろう」，ブルーバックス，講談社 (2008)
　2) 永田和宏：「タンパク質の一生 ―生命活動の舞台裏」，岩波新書，岩波書店 (2008)
　3) 伊藤明夫：「はじめて出会う細胞の分子生物学」，岩波書店 (2006)
　4) 遠藤斗志也・森　和俊・田口英樹 編：「タンパク質の一生 集中マスター ―細胞における成熟・輸送・品質管理」，羊土社 (2007)
　5) 遠藤斗志也・小椋　光・永田和宏・森　和俊・田口英樹・吉田賢右 編：「キーワード：蛋白質の一生」，共立出版 (2008)
　6) 水島　昇：「細胞が自分を食べる オートファジーの謎」，PHP新書，PHP出版 (2011)
　7) Bruce Alberts ら，中村桂子・松原謙一 監訳：「Essential 細胞生物学（原書第4版）」，南江堂 (2017)

―学術用語について（辞書）
　1) 今堀和友・山川民夫 監修，大島泰郎 他編：生化学辞典（第4版），東京化学同人 (2007)

■ 各章の引用・参考文献
―可能なかぎりオープンアクセスで入手しやすいものをリストした．

1 章
　1) Selye, H.：A syndrome produced by diverse nocuous agents, Nature, **138**, p.32 (1936)
　2) Boulon, S., Westman, B.J., Hutten, S., Boisvert, F.M. and Lamond, A.I.：The nucleolus under stress, Mol. Cell, **40**, pp.216-227 (2017)

3) Buchan, J.R. and Parker, R. : Eukaryotic stress granules: the ins and outs of translation, Mol. Cell, **36**, pp.932-941 (2009)
4) Richter, K., Haslbeck, M. and Buchner, J. : The heat shock response: life on the verge of death, Mol. Cell, **40**, pp.253-266 (2010)

2 章

1) Ritossa, F. : Discovery of the heat shock response, Cell Stress Chaperones, **1**, pp.97-98 (1996)
2) Capocci, M., Santoro, M.G. and Hightower, L.E. : The life and times of Ferruccio Ritossa, Cell Stress Chaperones, **19**, pp.599-604 (2014)

3 章

1) Straus, D.B., Walter, W.A. and Gross, C.A. : The heat shock response of *E. coli* is regulated by changes in the concentration of sigma 32, Nature, **329**, pp.348-351 (1987)
2) 由良　隆：「いまだ熱ショック応答を追いつづける日々」, JT生命誌研究館 (2014) ; http://brh.co.jp/s_library/interview/83/
3) Guisbert, E., Yura, T., Rhodius, V.A. and Gross, C.A. : Convergence of molecular, modeling, and systems approaches for an understanding of the *Escherichia coli* heat shock response, Microbiol. Mol. Biol. Rev., **72**, pp.545-554 (2008)
4) Schumann, W. : Regulation of bacterial heat shock stimulons, Cell Stress Chaperones, **21**, pp.959-968 (2016)
5) Anckar, J. and Sistonen, L. : Regulation of HSF1 function in the heat stress response: implications in aging and disease, Annu. Rev. Biochem., **80**, pp.1089-1115 (2011)

5 章

1) Ellis, R.J. : Discovery of molecular chaperones, Cell Stress Chaperones, **1**, pp.155-160 (1996)
2) Kampinga, H.H., Hageman, J., Vos, M.J., Kubota, H., Tanguay, R.M., Bruford, E.A., Cheetham, M.E., Chen, B. and Hightower, L.E. : Guidelines for the nomenclature of the human heat shock proteins, Cell Stress Chaperones, **14**, pp.105-111 (2009)

6 章

1) Balchin, D., Hayer-Hartl, M. and Hartl, F.U. : In vivo aspects of protein folding and quality control, Science, **353**, aac4354 (2016)
2) Pechmann, S., Willmund, F. and Frydman, J. : The ribosome as a hub for protein quality control, Mol. Cell, **49**, pp.411-421 (2013)
3) Craig, E.A. : Hsp70 at the membrane: driving protein translocation, BMC Biol., **16**, p.11 (2018)
4) 遠藤斗志也：ミトコンドリア膜を舞台とするタンパク質の交通，生物物理，**48**, pp.4-10 (2008)

6 章～11 章

―Hsp60 関係

1) 田口英樹：シャペロニン GroEL の作用機構：ATP と基質タンパク質の役割，生物物理，**46**, pp.130-136 (2006)
2) Georgopoulos, C. : Toothpicks, serendipity and the emergence of the *Escherichia coli* DnaK (Hsp70) and GroEL (Hsp60) chaperone machines, Genetics, **174**, pp.1699-1707 (2006)
3) Lorimer, G.H. : A personal account of chaperonin history, Plant Physiol., **125**, pp.38-41 (2001)
4) Clare, D.K., Bakkes, P.J., van Heerikhuizen, H., van der Vies, S.M. and Saibil, H.R. : Chaperonin complex with a newly folded protein encapsulated in the folding chamber, Nature, **457**, pp.107-110 (2009)
5) Tokuriki, N. and Tawfik, D.S. : Chaperonin overexpression promotes genetic variation and enzyme evolution, Nature, **459**, pp.668-673 (2009)

―Hsp70 関係

6) Kampinga, H.H. and Craig, E.A. : The HSP70 chaperone machinery: J proteins as drivers of functional specificity, Nat. Rev. Mol. Cell Biol., **11**, pp.579-592 (2010)
7) Mayer, M.P. and Gierasch, L.M. : Recent advances in the structural and mechanistic aspects of Hsp70 molecular chaperones, J. Biol. Chem., **294**, pp.2085-2097 (2018)
8) Bracher, A. and Verghese, J. : The nucleotide exchange factors of Hsp70 molecular chaperones, Front Mol. Biosci., **2**, article10 (2015)
9) Calderwood, S.K. and Gong, J. : Heat shock proteins promote cancer: it's a

protection racket, Trends Biochem. Sci., **41**, pp.311-323 (2016)

10) 大塚健三：がんにおける HSF1 および分子シャペロンの役割 ―がんと神経変性疾患，どちらを取るか―，生物機能開発研究所紀要，**13**，pp.22-40 (2012)

―Hsp90 関係

11) Prodromou, C.：The 'active life' of Hsp90 complexes, Biochim. Biophys. Acta, **1823**, pp.614-23 (2012)

12) Johnson, J.L.：Evolution and function of diverse Hsp90 homologs and cochaperone proteins, Biochim. Biophys. Acta, **1823**, pp.607-613 (2012)

13) Rutherford, S.L. and Lindquist, S.：Hsp90 as a capacitor for morphological evolution, Nature, **396**, pp.336-342 (1998)

―Hsp100 関係

14) Mogk, A., Kummer, E. and Bukau, B.：Cooperation of Hsp70 and Hsp100 chaperone machines in protein disaggregation, Front Mol. Biosci., **2**, 22 (2015)

15) Parsell, D.A., Kowal, A.S., Singer, M.A. and Lindquist, S.：Protein disaggregation mediated by heat-shock protein Hsp104, Nature, **372**, pp.475-478 (1994)

―sHsp 関係

16) Haslbeck, M. and Vierling, E.：A first line of stress defense: small heat shock proteins and their function in protein homeostasis, J. Mol. Biol., **427**, pp.1537-1548 (2015)

17) Garrido, C., Paul, C., Seigneuric R., and Kampinga, H.H.：The small heat shock proteins family: the long forgotten chaperones, Int. J. Biochem. Cell Biol., **44**, pp.1588-1592 (2012)

索引

【あ】

アクチン　　　　　　　　66
アクチン結合タンパク質　　　129
アセチル化　　　　　　　40
アセンブリー　　　　　　61
アデノシン三リン酸　　　　8
アデノシン二リン酸　　　　8
アポトーシス　　　　　　80
アポトソーム　　　　　　124
アミノ酸配列　　　　　　45
アミノ末端　　　　　　　69
アミロイド線維　　　54, 102
アミロイド前駆体タンパク質　　　146
アラニン　　　　　　　　69
アラビノース　　　　　　86
あらゆる要求に対する生体の非特異的応答　　　3
アレキサンダー病　　　　183
アロステリック　　　　　94
アロステリックなコミュニケーション　　　120
アンドロゲン受容体　　　125
アンフォールド　　　　　52

【い】

一次構造　　　　　　　　45
糸通し　　　　　　　　　159
インスリン様成長因子　　135
インテグリン　　　　　　135
イントロン　　　　　116, 165
インポーティン　　　　　108

【う】

ウロポルフィリノーゲン脱炭酸酵素　　　135

【え】

エキソン　　　　　116, 165
遠位遺伝性運動ニューロパチー　　　183
延長アミノ酸配列　　　　131
エンドリソソーム　　　　142

【お】

オートファゴソーム　　　80
オートファジー　　　　　79
オープンリーディングフレーム　　　19
オペレーター　　　　　　29
オリゴマー　　　　　10, 64
折りたたみのエネルギー地形　　　94
オルガネラ　　　　　　6, 75
温度センサー　　　　　　42
温度センサータンパク質　22

【か】

会合　　　　　　　　　　55
開始コドン　　　　　　　69
外的有害作用因子　　　　2
解離定数　　　　　　　110
獲得性熱耐性　　　　　　10
画分　　　　　　　　　　13
カルビン・ベンソン回路　　9
カルボキシ（ル）末端　　69

【き】

基質　　　　　　　　　　26
基質結合ドメイン　　　　109
基質特異性　　　　　　　140
キナーゼ　　　　　　　　12
機能性タンパク質　　　　45
機能分化　　　　　　　　99
凝集　　　　　　　　　　12
ギリギリの安定性　　　　100
筋原線維性ミオパチー　　183

【く】

グアニジン塩酸　　　87, 165
クエン酸回路　　　　　　63
クライアント　　　　　　128
クライオ電子顕微鏡　　　157
クラスリン　　　　　　　123
クラスリン被覆小胞　　　104
グリシン　　　　　　69, 113
クリスタリン　　　　　　167
グリセロール　　　　　　153
グルコース　　　　　　　3
グルタミン　　　　　　　101
クロスβ構造　　　　　　54

【け】

血管内皮細胞増殖因子　　145
ゲルダナマイシン　　　　147
原核生物　　　　　　　　19

【こ】

コア酵素　　　　　　　　24
恒常性　　　　　　　　　4
呼吸鎖電子伝達　　　　　63

古細菌	19	
コシャペロン	24	
枯草菌	30	
コードする	19	
コドン	69	
ゴニオタラミン	149	
コンホメーション	52	

【さ】

サイトゾル	6
細胞外に存在する Hsp70	109
細胞外マトリックス	44
細胞骨格	43
細胞内シグナル伝達系	134
サーチュイン1	40
サブユニット	10
サプレッサー変異	89
三次構造	52

【し】

シアノバクテリア	10
シグナル認識粒子	73
シグナル配列	58, 75
シグマ32因子	24
シグマ70因子	23
システイン	53
ジスルフィド架橋	48
ジスルフィド結合	48
シトクロム c	125
シャペロニン	66
シャペロニン様タンパク質	101
シャペロン介在性オートファジー	80
シャペロン中毒症状	40
シャルコー・マリー・トゥース病	183
主鎖	49
受容体	80
小胞体ストレス反応	41
真核細胞	35
真核生物	19

進化分子工学	100
新規機能獲得	99
真菌	103
ジンクフィンガードメイン	70
真正細菌	19

【す】

ステロイドホルモン受容体	66, 128
ストレス	2
ストレス顆粒	6
ストレスタンパク質	4
ストレッサー	2
ストロマ	97
スーパーファミリー	20, 154
スプライシング	116, 165
スプライソソーム	165

【せ】

正常プリオンタンパク質	146
赤道ドメイン	91
セリエ	2
セリン	39
ゼルンボン	149
前駆体タンパク質	57
センサー領域	155

【そ】

相同	18
側鎖	50
疎水性コア	51

【た】

タウ	146
タグ	87
多重遺伝子族	18
多分散	113
ターン	49
タンデム	97
タンパク質基質	128

タンパク質感性因子	164
タンパク質毒性ストレス	40
タンパク質の折りたたみ	51
タンパク質のフォールディング	51
タンパク質膜透過装置	75
単分散	113

【ち】

チオレドキシン	49
チオレドキシンフォールド	48
蓄電器	142
窒素固定	63
チャネル	76
中間ドメイン	91, 131
頂上ドメイン	91
調節ドメイン	38

【て】

低酸素誘導性因子	103
低分子量 Hsp	167
滴定モデル	28
鉄-硫黄クラスター	63
テトラトリコペプチド反復配列	78
テロメア逆転写酵素	145
テロメラーゼ	128, 145
転写因子	22

【と】

同定	17
ドデシル硫酸ナトリウム-ポリアクリルアミドゲル電気泳動法	16
ドメイン	26
トランスコロン	75
トリオースリン酸イソメラーゼ	49
トリガー因子	71

【な】

内蔵型の蓋	96

【に】

二次構造　49

【ぬ】

ヌクレアーゼ　90
ヌクレオチド　72
ヌクレオチド結合ドメイン　81
ヌクレオチド交換因子ファミリー　118
ヌクレオプラスミン　61

【ね】

熱ショック mRNA　16
熱ショック因子　128
熱ショックエレメント　38
熱ショック応答　14
熱ショックタンパク質　4
熱ショック転写因子　35
熱ショックプロモーター　24
熱ショックレギュロン　24

【の】

ノックアウト株　36

【は】

バイオフィルム　99
排除体積効果　78
ハウスキーピング遺伝子　7
パーキンソン病　102
バクテリオファージ　88
ハービマイシン A　147
パフ　15
バルデー・ビードル症候群　101
パワーストロークモデル　77
汎適応症症候群　3

【ひ】

光阻害　34
非分解性の ATP 類似物質　136

非ヘム鉄　63
非変性 PAGE　58
表現型　36
標　識　16

【ふ】

ファミリー　20
フィコビリソーム　135
フィラメント　43
封入体　31, 55
フェニルアラニン　113
フェレドキシンドメイン　113
ブラウニアンラチェットモデル　77
プラスチド　64
プリオン　54
プリオン型　164
プリオン現象　151
プリオンタンパク質　54
プレ配列　75
プレフォルディン　73
プロカスパーゼ-9　125
プロテアーゼ　12, 21
プロテアソーム　81
プロテインキナーゼ　128, 134
プロテインジスルフィドイソメラーゼ　84
プロテオーム　124
プロモーター　23
分子質量　96
分子シャペロン　2, 62

【へ】

ベータアミロイドペプチド　146
ヘテロダイマー　144
ヘテロ複合体　72
ペプチジルプロリルイソメラーゼ活性　139
ペプチド結合ドメイン　109
ヘリカーゼ　7

ヘリックスターンヘリックスモチーフ　37
ペリプラズム　83
ヘレグリン-HER3 シグナル伝達　144
変異株　9
変　性　5, 47

【ほ】

ポア 1 モチーフ　159
ホモ二量体　117
ホモログ　19
ポリグルタミン　101, 115
ポリグルタミン病　101
ポリペプチド鎖　49
ポリメラーゼ　24
ホロ酵素　24
翻訳後修飾　38

【ま】

膜貫通ドメイン　113
マクロオートファジー　80
マシナリー　62
マスターレギュレーター　22
間違った折りたたみ　70
マンガンクラスター　9

【み】

ミオシン特異的シャペロン　139
ミカエリス定数　110
ミクロオートファジー　80
ミスセンス変異　181
ミスフォールディング　70
ミトコンドリアのマトリックス　76

【め，も】

免疫グロブリン様の折りたたみ構造　170
免疫グロブリン H 鎖結合タンパク質　66

索　引

免疫グロブリン重鎖結合タン
　パク質　　　　　　　　66
モーター　　　　　　　　77

【ゆ，よ】

輸送モーター　　　　　115
ユビキチン化　　　　　103
ユビキチン化酵素　　　　81
ユビキチン・プロテアソー
　ム系　　　　　　　　　79
四次構造　　　　　　　　64

【ら】

ラディシコール　　　　149
ラノステロール　　　　182

【り】

リシン　　　　　　　　　69
リソソーム　　　　　　　79
リプレッサー　　　　　　29
リボソーム　　　　6, 10, 70
リボソームタンパク質 L2
　　　　　　　　　　　135
リボヌクレアーゼ　　　　90
量体　　　　　　　　　　24
リンカーポリペプチド　135
リン酸化　　　　　　　　39
リン酸化酵素　　　　　134

【る】

ルシフェラーゼ　　　　　29

ルビスコ　　　　　　　　9
ルビスコアクチベース
　　　　　　　　　　9, 98
ルビスコ結合タンパク質　60
ルビスコホロ酵素　　　　58
ループ　　　　　　　　　49

【れ】

レセプター　　　　　　　80
レビー小体　　　　　　102

【ろ】

ロイシンジッパーコイルド
　コイル三量体化ドメイン
　　　　　　　　　　　　37

───────────────

【A】

AAA　　　　　　　69, 154
AAA$^+$　　　　　　　154
AAA-1　　　　　　　155
AAA-2　　　　　　　155
AAA$^+$ファミリー　　154
AAAファミリー　　　154
ACD　　　　　　　　170
ADP　　　　　　　　　 8
ADP 結合型　　　　　　72
Aha1　　　　　　　　139
AMPPNP　　　　　　136
Apaf-1　　　　　　　124
APP　　　　　　　　146
assembly chaperones　71
AT-13387　　　　　　149
ATP　　　　　　　　　 8
ATPase　　　　　　　72
ATPase ドメイン　81, 109
ATP アーゼ　　　　　　72
ATP 結合型　　　　　　72
AUG　　　　　　　　　69
Aβペプチド　　　　　146

【B】

Bag3　　　　　　　　125
BAG タンパク質　　　　81
Bag ドメインタンパク質
　ファミリー　　　　　118
BAP　　　　　　　　159
BAP-ClpP 複合体　　159
BBS　　　　　　　　101
BIIB-021　　　　　　149
BiP　　　　　66, 105, 107
BP　　　　　　　　　　60

【C】

CCT　　　　　85, 95, 102
Cdc37　　　　134, 137, 139
CFTR　　　　　　126, 147
CHIP　　　　　　　81, 137
CIRCE　　　　　　　　30
ClpA　　　　　　　　156
ClpB1　　　　　　　152
ClpB3　　　　　　　152
ClpB4　　　　　　　152
ClpB-cyt　　　　　　152
ClpB-m　　　　　　　152

ClpB-p　　　　　　　152
Clp/Hsp100　　　　　155
ClpP　　　　　　　　156
CMA　　　　　　　　　80
CNPY3　　　　　　　141
Cpn60　　　　　　　　85
CTA ドメイン　　　　　38
CTD　　　　　　　　131
Cyp40/Cpr6/Cpr7　　138
C 末端　　　　　　　　69
C 末端ドメイン　　　　131
C 末端トランス活性化ドメ
　イン　　　　　　　　　38

【D】

DBD　　　　　　　　　37
DnaJ　　　　　　　　111
dnaK　　　　　　　　105
DnaK　　　　　　　　106
DNA 結合ドメイン　　　37
DNA ヘリカーゼ　　　122
Dsb タンパク質　　　　83

【E】

ECM　　　　　　　　　44

EEVD 配列		78	HscC	106	**【I】**		
ERK シグナル経路		144	HSE	38			
【F】			HSF	35	IbpA		168
			HSF1	128	*ibpA*		169
Fkbp51		138	Hsp	4	IbpB		168
Fkbp52		138	Hsp100	152	*ibpB*		169
folding funnel hypothesis		52	Hsp101	152	IgG		135
FtsH		25	Hsp104/ClpB	152	IPI-493		149
【G】			Hsp105	107	IPI-504		149
			Hsp110	107	IκBα		180
Ganetespib		149	Hsp110 (Hsp105) /Grp170		**【J】**		
GCA		69	(ORP105)	118			
GGC		69	Hsp16.6	173	J タンパク質		111
gp96		130	Hsp22	167	J ドメイン		113
GroEL		85	Hsp23	167	**【K】**		
groEL 遺伝子		88	Hsp26	167			
GroES		86	Hsp27	167, 177	K141N		183
groES 遺伝子		88	Hsp40	111	K141E		183
groE 遺伝子		86	Hsp60	85	K-box		33
group I シャペロニン		85	Hsp70	105	KFERQ モチーフ		80
group II シャペロニン		85	Hsp70-1	107	KW-2478		149
GRP75		107	HSP70-2	107	**【M】**		
Grp78	66, 105,	107	Hsp78	152			
Grp94	130,	131	Hsp82	130	MAL3-101		126
GrpE		117	Hsp90	129	MD		131
【H】			Hsp90C	130, 131	MEEVD		131
			Hsp90α	130	MKT-077		126
Hallmarks		123	Hsp90β	130	mortalin	107,	126
HAPA5		107	HspA	171	**【N】**		
HER2		144	HSPA1A	107			
HER3 受容体		144	HSPA1B	107	NAC		73
HIF		103	HSPA8	107	NEF ファミリー		118
Hikeshi		108	HSPA9	107	NF-κB		180
Hip		119	HspB4	180	NLR タンパク質		141
Hop/Sti1		137	HspB5	180	novolactone		126
HPD モチーフ		114	HspBP1/Sil1	118	NPV-AUY922		149
HR-A/B		37	HSPH1	107	NTD		131
HrcA		31	HSPH2	107	NVP-HSP990		149
HR-C 領域		38	HSR	14	N 末端		69
Hsc66		106	HTH モチーフ	37	N 末端ドメイン		131
Hsc70	19, 105,	107	HtpG	130, 131, 135	**【O, P】**		
Hsc82		130	*htpG* 遺伝子	20, 131			
HscA		106			ORF		19

p23/Sba1		139
p53		103, 124
PAM		77
PDI		84
PES		126
PI3K/Akt 経路		144
pifithrin-μ		126
Pp5/Ppt1		137
PPIase 活性		139
PRAT4A		141
PrP		54
PrPc		146
PU-H71		149

【R】

R120G	181
RAC	71
RD	38
rpoD	23

【S】

SDS-PAGE 法	16
sensor 1 モチーフ	155
sensor 2 モチーフ	155
SG	6
Sgt1	139
sHsp	167
sHsp-変性タンパク質複合体	171
SIRT1	40
Sirtuin1	40
Src シグナリング	144
SRP	73
S-S 結合	48

SUMO 化	39
Sup35	164

【T】

Tah1	138
tanespimycin	149
TCP-1	95
T-DNA	154
TERT	145
TF	71
thermosome	85, 95
TilS 酵素	135
TIM	49
TIM バレル	48
TIM バレルドメイン	88
TIM 複合体	76
TLR	135
Toll 様受容体	135
TOM 複合体	76
TPR	78
TPR ドメイン	113
TPR モチーフ/ドメイン	78
TRAP1	130
TRiC	85, 95, 102
type I シャペロニン	85
type II シャペロニン	85

【U】

Unc45	137
UPR	41

【V】

VEGF	145
VER-155008	126

VHL 遺伝子産物	103
v-*src*	129

【W】

Walker A/B モチーフ	155

【Y】

YPD 培地	153

【数字・ギリシャ文字】

17-AAG	149
17-DMAG	149
60S リボソームサブユニット	122
Δ131Δ	136
αA-クリスタリン	169
αB-クリスタリン	169, 176
α-アミノ基	69
α-カルボキシ（ル）基	69
α-クリスタリン	168
α-クリスタリンドメイン	170
α シヌクレイン	102
α ヘリックス	50
β-domain	117
β-サンドイッチ	110
β-サンドイッチ構造	170
β シート	50
β ストランド	50
β ターン	37
σ^{32} 因子	24
σ^{70} 因子	23

―― 著者略歴 ――

1978年 静岡大学農学部農芸化学科卒業
1980年 静岡大学大学院修士課程修了（農芸化学専攻）
1984年 ワシントン州立大学大学院博士課程修了（植物学専攻）
　　　 Ph.D.
1983年 シェフィールド大学，ウメオ大学（スウェーデン），ワシントン州立大学，
　　　 農林水産省農業生物資源研究所　各大学・研究所博士研究員
1987年 東京大学助手
1989年 埼玉大学講師
1995年 埼玉大学助教授
2007年 埼玉大学大学院准教授
2019年 埼玉大学大学院教授
　　　 現在に至る

分子シャペロン ―タンパク質に生涯寄り添い介助するタンパク質―
Molecular Chaperones ―Proteins that Maintain Cellular Proteostasis―
　　　　　　　　　　　　　　　　　　　　Ⓒ Hitoshi Nakamoto 2019

2019年9月10日　初版第1刷発行　　　　　　　　　　　　　　　★

	著　　者	仲　本　　　準
検印省略	発行者	株式会社　コロナ社
	代表者	牛来真也
	印刷所	新日本印刷株式会社
	製本所	有限会社　愛千製本所

112-0011　東京都文京区千石 4-46-10
発行所　株式会社　コ　ロ　ナ　社
CORONA PUBLISHING CO., LTD.
Tokyo Japan
振替00140-8-14844・電話(03)3941-3131(代)
ホームページ　http://www.coronasha.co.jp

ISBN 978-4-339-06759-0　C3045　Printed in Japan　　　　　　（金）

JCOPY ＜出版者著作権管理機構 委託出版物＞
本書の無断複製は著作権法上での例外を除き禁じられています。複製される場合は，そのつど事前に，
出版者著作権管理機構（電話 03-5244-5088, FAX 03-5244-5089, e-mail: info@jcopy.or.jp）の許諾を
得てください。

本書のコピー，スキャン，デジタル化等の無断複製・転載は著作権法上での例外を除き禁じられています。
購入者以外の第三者による本書の電子データ化及び電子書籍化は，いかなる場合も認めていません。

落丁・乱丁はお取替えいたします。

組織工学ライブラリ
―マイクロロボティクスとバイオの融合―

(各巻B5判)

■編集委員　新井健生・新井史人・大和雅之

配本順			頁	本体
1.(3回)	細胞の特性計測・操作と応用	新井史人編著	270	4700円
2.(1回)	3次元細胞システム設計論	新井健生編著	228	3800円
3.(2回)	細胞社会学	大和雅之編著	196	3300円

再生医療の基礎シリーズ
―生医学と工学の接点―

(各巻B5判)

コロナ社創立80周年記念出版
〔創立1927年〕

■編集幹事　赤池敏宏・浅島　誠
■編集委員　関口清俊・田畑泰彦・仲野　徹

配本順			頁	本体
1.(2回)	再生医療のための**発生生物学**	浅島　誠編著	280	4300円
2.(4回)	再生医療のための**細胞生物学**	関口清俊編著	228	3600円
3.(1回)	再生医療のための**分子生物学**	仲野　徹編	270	4000円
4.(5回)	再生医療のためのバイオエンジニアリング	赤池敏宏編著	244	3900円
5.(3回)	再生医療のためのバイオマテリアル	田畑泰彦編著	272	4200円

バイオマテリアルシリーズ

(各巻A5判)

			頁	本体
1.	金属バイオマテリアル	塙　隆夫／米山　隆之 共著	168	2400円
2.	ポリマーバイオマテリアル ―先端医療のための分子設計―	石原一彦著	154	2100円
3.	セラミックバイオマテリアル	岡崎正之／山下　仁編著	210	3200円
	尾坂明義・石川邦夫・大槻主税 井奥洪二・中村美穂・上高原理暢 共著			

定価は本体価格+税です。
定価は変更されることがありますのでご了承下さい。

図書目録進呈◆

バイオテクノロジー教科書シリーズ

(各巻A5判)

■編集委員長　太田隆久
■編集委員　相澤益男・田中渥夫・別府輝彦

配本順			頁	本体
1.(16回)	生命工学概論	太田隆久著	232	3500円
2.(12回)	遺伝子工学概論	魚住武司著	206	2800円
3.(5回)	細胞工学概論	村上浩紀／菅原卓也 共著	228	2900円
4.(9回)	植物工学概論	森川弘道／入船浩平 共著	176	2400円
5.(10回)	分子遺伝学概論	高橋秀夫著	250	3200円
6.(2回)	免疫学概論	野本亀久雄著	284	3500円
7.(1回)	応用微生物学	谷 吉樹著	216	2700円
8.(8回)	酵素工学概論	田中渥夫／松野隆一 共著	222	3000円
9.(7回)	蛋白質工学概論	渡辺公綱／小島修一 共著	228	3200円
10.	生命情報工学概論	相澤益男他著		
11.(6回)	バイオテクノロジーのためのコンピュータ入門	中村春木／中井謙太 共著	302	3800円
12.(13回)	生体機能材料学 — 人工臓器・組織工学・再生医療の基礎 —	赤池敏宏著	186	2600円
13.(11回)	培養工学	吉田敏臣著	224	3000円
14.(3回)	バイオセパレーション	古崎新太郎著	184	2300円
15.(4回)	バイオミメティクス概論	黒田裕久／西谷孝子 共著	220	3000円
16.(15回)	応用酵素学概論	喜多恵子著	192	3000円
17.(14回)	天然物化学	瀬戸治男著	188	2800円

定価は本体価格+税です。
定価は変更されることがありますのでご了承下さい。

図書目録進呈◆

p23/Sba1	139
p53	103, 124
PAM	77
PDI	84
PES	126
PI3K/Akt 経路	144
pifithrin-μ	126
Pp5/Ppt1	137
PPIase 活性	139
PRAT4A	141
PrP	54
PrPc	146
PU-H71	149

【R】

R120G	181
RAC	71
RD	38
rpoD	23

【S】

SDS-PAGE 法	16
sensor 1 モチーフ	155
sensor 2 モチーフ	155
SG	6
Sgt1	139
sHsp	167
sHsp-変性タンパク質複合体	171
SIRT1	40
Sirtuin1	40
Src シグナリング	144
SRP	73
S-S 結合	48

SUMO 化	39
Sup35	164

【T】

Tah1	138
tanespimycin	149
TCP-1	95
T-DNA	154
TERT	145
TF	71
thermosome	85, 95
TilS 酵素	135
TIM	49
TIM バレル	48
TIM バレルドメイン	88
TIM 複合体	76
TLR	135
Toll 様受容体	135
TOM 複合体	76
TPR	78
TPR ドメイン	113
TPR モチーフ/ドメイン	78
TRAP1	130
TRiC	85, 95, 102
type I シャペロニン	85
type II シャペロニン	85

【U】

Unc45	137
UPR	41

【V】

VEGF	145
VER-155008	126

VHL 遺伝子産物	103
v-*src*	129

【W】

Walker A/B モチーフ	155

【Y】

YPD 培地	153

【数字・ギリシャ文字】

17-AAG	149
17-DMAG	149
60S リボソームサブユニット	122
Δ131Δ	136
αA-クリスタリン	169
αB-クリスタリン	169, 176
α-アミノ基	69
α-カルボキシ（ル）基	69
α-クリスタリン	168
α-クリスタリンドメイン	170
α シヌクレイン	102
α ヘリックス	50
β-domain	117
β-サンドイッチ	110
β-サンドイッチ構造	170
β シート	50
β ストランド	50
β ターン	37
σ^{32} 因子	24
σ^{70} 因子	23

─── 著者略歴 ───

1978年　静岡大学農学部農芸化学科卒業
1980年　静岡大学大学院修士課程修了（農芸化学専攻）
1984年　ワシントン州立大学大学院博士課程修了（植物学専攻）
　　　　Ph.D.
1983年　シェフィールド大学，ウメオ大学（スウェーデン），ワシントン州立大学，
　　　　農林水産省農業生物資源研究所　各大学・研究所博士研究員
1987年　東京大学助手
1989年　埼玉大学講師
1995年　埼玉大学助教授
2007年　埼玉大学大学院准教授
2019年　埼玉大学大学院教授
　　　　現在に至る

分子シャペロン ─タンパク質に生涯寄り添い介助するタンパク質─
Molecular Chaperones ─Proteins that Maintain Cellular Proteostasis─

Ⓒ Hitoshi Nakamoto 2019

2019年9月10日　初版第1刷発行　　　　　　　　　　　　　　　★

検印省略	著　者	仲　本　　　準
	発行者	株式会社　コロナ社
		代表者　牛来真也
	印刷所	新日本印刷株式会社
	製本所	有限会社　愛千製本所

112-0011　東京都文京区千石 4-46-10
発行所　株式会社　コロナ社
CORONA PUBLISHING CO., LTD.
Tokyo Japan
振替00140-8-14844・電話(03)3941-3131(代)
ホームページ　http://www.coronasha.co.jp

ISBN 978-4-339-06759-0　C3045　Printed in Japan　　　　　　（金）

JCOPY <出版者著作権管理機構 委託出版物>
本書の無断複製は著作権法上での例外を除き禁じられています．複製される場合は，そのつど事前に，
出版者著作権管理機構（電話 03-5244-5088，FAX 03-5244-5089，e-mail: info@jcopy.or.jp）の許諾を
得てください．

本書のコピー，スキャン，デジタル化等の無断複製・転載は著作権法上での例外を除き禁じられています．
購入者以外の第三者による本書の電子データ化及び電子書籍化は，いかなる場合も認めていません．
落丁・乱丁はお取替えいたします．

組織工学ライブラリ
―マイクロロボティクスとバイオの融合―

(各巻B5判)

■編集委員　新井健生・新井史人・大和雅之

配本順			頁	本体
1.(3回)	細胞の特性計測・操作と応用	新井史人編著	270	4700円
2.(1回)	3次元細胞システム設計論	新井健生編著	228	3800円
3.(2回)	細 胞 社 会 学	大和雅之編著	196	3300円

再生医療の基礎シリーズ
―生医学と工学の接点―

(各巻B5判)

コロナ社創立80周年記念出版
〔創立1927年〕

■編集幹事　赤池敏宏・浅島　誠
■編集委員　関口清俊・田畑泰彦・仲野　徹

配本順			頁	本体
1.(2回)	再生医療のための**発生生物学**	浅島　誠編著	280	4300円
2.(4回)	再生医療のための**細胞生物学**	関口清俊編著	228	3600円
3.(1回)	再生医療のための**分子生物学**	仲野　徹編	270	4000円
4.(5回)	再生医療のためのバイオエンジニアリング	赤池敏宏編著	244	3900円
5.(3回)	再生医療のためのバイオマテリアル	田畑泰彦編著	272	4200円

バイオマテリアルシリーズ

(各巻A5判)

			頁	本体
1.	金属バイオマテリアル	筏　山　隆　太 共著 米　山　隆　之	168	2400円
2.	ポリマーバイオマテリアル ―先端医療のための分子設計―	石原一彦著	154	2400円
3.	セラミックバイオマテリアル 尾坂明義・石川邦夫・大槻主税 井奥洪二・中村美穂・上高原理暢 共著	岡崎正之 山下仁大 編著	210	3200円

定価は本体価格+税です。
定価は変更されることがありますのでご了承下さい。

図書目録進呈◆

バイオテクノロジー教科書シリーズ

(各巻A5判)

■編集委員長　太田隆久
■編集委員　　相澤益男・田中渥夫・別府輝彦

配本順			頁	本体
1. (16回)	生命工学概論	太田隆久 著	232	3500円
2. (12回)	遺伝子工学概論	魚住武司 著	206	2800円
3. (5回)	細胞工学概論	村上浩紀／菅原卓也 共著	228	2900円
4. (9回)	植物工学概論	森川弘道／入船浩平 共著	176	2400円
5. (10回)	分子遺伝学概論	高橋秀夫 著	250	3200円
6. (2回)	免疫学概論	野本亀久雄 著	284	3500円
7. (1回)	応用微生物学	谷 吉樹 著	216	2700円
8. (8回)	酵素工学概論	田中渥夫／松野隆一 共著	222	3000円
9. (7回)	蛋白質工学概論	渡辺公綱／小島 修二 共著	228	3200円
10.	生命情報工学概論	相澤益男 他著		
11. (6回)	バイオテクノロジーのための コンピュータ入門	中村春木／中井 謙太 共著	302	3800円
12. (13回)	生体機能材料学 —人工臓器・組織工学・再生医療の基礎—	赤池敏宏 著	186	2600円
13. (11回)	培養工学	吉田敏臣 著	224	3000円
14. (3回)	バイオセパレーション	古崎新太郎 著	184	2300円
15. (4回)	バイオミメティクス概論	黒田裕久／西谷孝子 共著	220	3000円
16. (15回)	応用酵素学概論	喜多恵子 著	192	3000円
17. (14回)	天然物化学	瀬戸治男 著	188	2800円

定価は本体価格+税です。
定価は変更されることがありますのでご了承下さい。

◆図書目録進呈◆

生物工学ハンドブック

日本生物工学会 編
B5判／866頁／本体28,000円／上製・箱入り

- **編集委員長** 塩谷　捨明
- **編集委員** 五十嵐泰夫・加藤　滋雄・小林　達彦・佐藤　和夫
  （五十音順）　澤田　秀和・清水　和幸・関　達治・田谷　正仁
  　　　　　　土戸　哲明・長棟　輝行・原島　俊・福井　希一

21世紀のバイオテクノロジーは，地球環境，食糧，エネルギーなど人類生存のための問題を解決し，持続発展可能な循環型社会を築き上げていくキーテクノロジーである。本ハンドブックでは，バイオテクノロジーに携わる学生から実務者までが，幅広い知識を得られるよう，豊富な図と最新のデータを用いてわかりやすく解説した。

主要目次

- **I編：生物工学の基盤技術** 生物資源・分類・保存／育種技術／プロテインエンジニアリング／機器分析法・計測技術／バイオ情報技術／発酵生産・代謝制御／培養工学／分離精製技術／殺菌・保存技術
- **II編：生物工学技術の実際** 醸造製品／食品／薬品・化学品／環境にかかわる生物工学／生産管理技術

本書の特長

- ◆ 学会創立時からの，醸造学・発酵学を基礎とした醸造製品生産工学大系はもちろん，微生物から動植物の対象生物，醸造飲料・食品から医薬品・生体医用材料などの対象製品，遺伝学から生物化学工学などの各方法論に関する幅広い展開と広大な対象分野を網羅した。
- ◆ 生物工学のいずれかの分野を専門とする学生から実務者までが，生物工学の別の分野（非専門分野）の知識を修得できる実用書となっている。
- ◆ 基本事項を明確に記述することにより，長年の使用に耐えられるようにし，各々の研究室等における必携の書とした。
- ◆ 第一線で活躍している約240名の著者が，それぞれの分野の研究・開発内容を豊富な図や重要かつ最新のデータにより正確な理解ができるよう解説した。

定価は本体価格＋税です。
定価は変更されることがありますのでご了承下さい。

図書目録進呈◆

技術英語・学術論文書き方関連書籍

理工系の技術文書作成ガイド
白井　宏 著
A5／136頁／本体1,700円／並製

ネイティブスピーカーも納得する技術英語表現
福岡俊道・Matthew Rooks 共著
A5／240頁／本体3,100円／並製

科学英語の書き方とプレゼンテーション（増補）
日本機械学会 編／石田幸男 編著
A5／208頁／本体2,300円／並製

続 科学英語の書き方とプレゼンテーション
－スライド・スピーチ・メールの実際－
日本機械学会 編／石田幸男 編著
A5／176頁／本体2,200円／並製

マスターしておきたい　技術英語の基本
－決定版－
Richard Cowell・佘　錦華 共著
A5／220頁／本体2,500円／並製

いざ国際舞台へ！　理工系英語論文と口頭発表の実際
富山真知子・富山　健 共著
A5／176頁／本体2,200円／並製

科学技術英語論文の徹底添削
－ライティングレベルに対応した添削指導－
絹川麻理・塚本真也 共著
A5／200頁／本体2,400円／並製

技術レポート作成と発表の基礎技法（改訂版）
野中謙一郎・渡邉力夫・島野健仁郎・京相雅樹・白木尚人 共著
A5／166頁／本体2,000円／並製

Wordによる論文・技術文書・レポート作成術
－Word 2013/2010/2007 対応－
神谷幸宏 著
A5／138頁／本体1,800円／並製

知的な科学・技術文章の書き方
－実験リポート作成から学術論文構築まで－
中島利勝・塚本真也 共著
A5／244頁／本体1,900円／並製
日本工学教育協会賞（著作賞）受賞

知的な科学・技術文章の徹底演習
塚本真也 著
A5／206頁／本体1,800円／並製
工学教育賞（日本工学教育協会）受賞

定価は本体価格＋税です。
定価は変更されることがありますのでご了承下さい。

図書目録進呈◆